机电设备维护

主 编 刘 炜
副主编 张 星
主 审 侯晶晶

重庆大学出版社

内容提要

本书以城市轨道交通行业(企业)内部机电设备维修人员的应知应会为载体,参照国家及轨道行业相关职业标准要求,从城市轨道交通机电系统(环境控制系统、给排水系统及低压配电系统)的概况组成到熟练巡检及检修进行详细讲述,从而使读者能够学习城市轨道交通机电系统各设备的维护技能。本书内容深入浅出、图文并茂,针对重点设备操作及典型故障修复还配备了相应讲解视频,让读者可以较为全面地学习和掌握城市轨道交通机电系统各设备的基础知识及操作维护技能。

本书的主要服务对象为轨道交通行业的工作人员和院校轨道交通专业在校学生,同时也为热爱轨道交通事业的广大社会人员提供参考。

图书在版编目(CIP)数据

机电设备维护 / 刘炜主编. -- 重
庆 : 重庆大学出版社, 2021.8
ISBN 978-7-5689-2907-3

Ⅰ. ①机… Ⅱ. ①刘… Ⅲ. ①机电设备—维修 Ⅳ. ①TM07

中国版本图书馆 CIP 数据核字(2021)第 168709 号

机电设备维护

主 编 刘 炜
副主编 张 星
主 审 侯晶晶
策划编辑:周 立

责任编辑:周 立   版式设计:周 立
责任校对:关德强   责任印制:张 策

*

重庆大学出版社出版发行
出版人:饶帮华
社址:重庆市沙坪坝区大学城西路 21 号
邮编:401331
电话:(023)88617190 88617185(中小学)
传真:(023)88617186 88617166
网址:http://www.cqup.com.cn
邮箱:fxk@cqup.com.cn(营销中心)
全国新华书店经销
重庆俊蒲印务有限公司印刷

*

开本:787mm×1092mm 1/16 印张:13.5 字数:331 千
2021 年 8 月第 1 版   2021 年 8 月第 1 次印刷
印数:1—3 000
ISBN 978-7-5689-2907-3 定价:56.00 元

　　城市轨道交通以其不可替代的优越性正在成为世界城市交通发展的热点和重点。城市轨道交通系统设备先进、结构复杂，高新技术应用非常广泛，要保障这样一个庞大而技术含量高的系统安全高效地运行，必须依靠与之相匹配的高素质员工，也可以这样说城市轨道交通员工的素质高低将直接影响城市轨道交通企业的生存与发展。因此，培养和提高城轨企业员工的业务素质过硬、技艺精湛的能工巧匠，是确保城市轨道交通安全运营的重中之重。

　　本书根据城市轨道交通机电设备特点，参照国家及轨道行业相关职业标准的要求进行编写。在内容方面力求全面、完整，涵盖了地铁环控系统、给水排水系统、水消防系统及低压配电系统，涉及从初级工到高级工应掌握的各项知识和技能点。以项目式的教学方法，按照初级工到高级工的顺序，详细地讲述了检修常用器具的使用、设备日常操作检修及设备典型故障处理等项目。本书图文并茂、通俗易懂，并且对重点内容均配有相应视频讲解。

　　本书由西安市轨道交通集团有限公司运营分公司的专业工程师参与编写，主要参编人员有西安地铁的刘炜、张星、刘军锁、杨国鹰、张振雨、庞定、蒋瑞瑞、孙斐。刘炜担任主编，张星担任副主编，侯晶晶担任主审。刘炜负责项目 1 内容的撰写，张星负责项目 2 内容的撰写，刘军锁、杨国鹰负责项目 3 内容的撰写，张振雨、庞定负责项目 4 内容的撰写，蒋瑞瑞、孙斐负责项目 5 内容的撰写。

　　由于时间仓促，编写人员经验不足，如有不当之处敬请批评指正，提出宝贵意见和建议。

编者

2021 年 1 月

项目1 机电综合维修工职业描述

任务 1.1 职业概况

1.1.1 职业定义

城轨机电综合维修工是指从事地铁环控、给排水及低压配电系统的日常施工验收、巡视保养、故障维修及中大修的人员。

1.1.2 职业等级

城轨机电综合维修工的职业共设五个等级,分别为:初级(国家职业资格五级)、中级(国家职业资格四级)、高级(国家职业资格三级)、技师(国家职业资格二级)、高级技师(国家职业资格一级)。

1.1.3 职业环境条件

城轨机电综合维修工的职业环境多数为室外、地下、常温,但也有个别工作环境位于室内、地面之上。

1.1.4 职业能力特征

城轨机电综合维修的职业能力特征主要有以下几方面:

1)具备获取、领会和理解外界信息的能力,具备良好的语言表达以及对事物的分析和判断的能力;

2)身体健康,手指、手臂灵活,动作协调性好,能够进行高空作业;

3)有一定的空间想象及一般计算能力;

4)心理素质较好,无职业禁忌症;

5)听力及辨色力正常,双眼矫正视力不低于5.0。

任务 1.2　能力分析

城轨机电综合维修工的职业级别共包括初级、中级、高级三个级别,特别强调的是高一级别须掌握低级别检修工所需的所有知识及技能。

1.2.1　初级工

如表 1-1 所示为城轨机电综合维修初级工能力要求分析表。

钳形电流表的使用

表 1-1　初级工能力要求分析表

职业功能	工作内容	技能要求	相关知识
水消防系统作业	水消防设备操作	①能按要求操作消防水泵 ②能按要求操作消防系统各类阀门	消防给水系统运行管理
	水消防设备调试	能按要求设置启停泵管网压力	消防给水系统运行管理
水泵操作及检修作业	水泵控制操作	能按要求操作各类水泵	水泵操作及巡检要求
	水泵的选用	①能按要求正确使用水泵 ②能看懂水泵电控原理图	水泵选用知识
	水泵的检修	①能使用仪器仪表测量水泵各项数值 ②能完成水泵计划性检修	水泵检修作业规范
给排水设备故障处理	排水不畅的故障处理	①能准确判断堵塞物的具体位置 ②能正确使用疏通工具进行作业	给排水设备故障处理知识
	管道法兰连接处漏水的故障处理	①能更换老化的密封垫片 ②能对偏移管道进行调直作业	管道工安装工艺
	消火栓漏水故障处理	①能准确判断消火栓漏水原因 ②能更换消火栓阀芯垫片 ③能整体更换消火栓	a. 消防系统运行管理 b. 管道工安装工艺
	水泵简单故障处理	①能准确判断出水泵流量不足或不出水的故障原因并能排除故障 ②能准确判断水泵无法停止或误启动的故障原因并能排除故障 ③能准确判断水泵电流过大或过小故障原因并能排除故障 ④能准确判断水泵启动和停止太频繁或长时间运行的故障原因并能排除故障	a. 水泵检修工基础知识 b. 仪器仪表使用常识

职业功能	工作内容	技能要求	相关知识
给排水设备故障处理	洁具故障一般处理	①延时阀、冲洗阀不出水、常流水及漏水故障的排除 ②感应式冲洗阀更换电池及电源接通作业	管道工安装工艺
电伴热系统故障处理作业	电伴热系统设备操作	能按要求操作电伴热并设置各项参数	电伴热系统运行管理
	电伴热简单故障处理	①能排除电伴热控制系统简单故障 ②能完成电伴热简单外围部件故障检修	a.电伴热系统运行管理 b.电工基础知识
电气测试	领会图纸等技术资料	①能理解电气施工图中常用电气图形和文字符号的含义 ②能看懂一般的电气控制图	电气控制原理
	工器具使用	能正确使用与保养万用表、兆欧表、钳形电流表、接地电阻测试仪等电气测量仪表	测量仪表和工器具使用方法及其安全操作注意事项
	测定绝缘电阻	①能正确测试电气设备的绝缘电阻并在检验评定表上正确记录 ②能正确测试电气设备的接地电阻值并在检验评定表上正确记录	兆欧表、接地电阻表等测量仪表知识
	读图分析	能读懂照明配电箱、小风机控制原理图和接线图	一般复杂程度机械设备的电气控制原理图、接线图的读图知识
电气装调与维修	电气故障检修	①能够检查、排除动力和照明线路及接地系统的电气故障 ②能够拆卸、检查、修复、装配、测试 30 kW 以下三相异步电动机和小型变压器 ③能够检查、修复、测试常用低压电器	a.动力、照明线路及接地系统的知识 b.常见机械设备电气故障的检查、排除方法及维修工艺,三相异步电动机和小型变压器的拆装方法及应用知识 c.常用低压电器的检修及调试方法
	配线与安装	①能够根据用电设备的性质和容量,选择常用电器元件及导线规格 ②能够按图样要求进行简单机械设备的主回路、控制回路接线及整机的电气安装工作 ③能够校验、调整速度继电器、温度继电器、压力继电器、热继电器等专用继电器	a.电工操作技术与工艺知识 b.电子电路基本原理及应用知识 c.电子电路焊接、安装、测试工艺方法
	调试	能够正确进行一般电路的试通电工作,能够合理应用预防和保护措施,达到控制要求,并记录相应的电参数	a.电气系统的一般调试方法和步骤 b.试验记录的基本知识

续表

职业功能	工作内容	技能要求	相关知识
制冷压缩机、辅助设备及冷却设备运行	检查仪表、电器、设备	①能查看相关仪表的工作参数 ②能查看相关电器的状态 ③能查看制冷压缩机、辅助设备及冷却设备的状态和工作参数	a.温度、压力、液位、电压、电流及其他相关控制指示仪表的作用及识读方法 b.制冷压缩机、辅助设备及冷却设备的工作原理 c.安全操作规范中关于启动前检查内容的规定
	启动制冷压缩机、辅助设备及冷却设备	能正确启动制冷压缩机、辅助设备及冷却设备	a.电器设备的安全要求 b.相关安全规范
	正常情况停机	能按操作程序正常停机	a.正常停机程序 b.异常情况停机程序 c.制冷系统安全运行的基本要求

1.2.2 中级工

如表1-2所示城轨机电综合维修中级工能力要求分析表。

表1-2 中级工能力要求分析表

职业功能	工作内容	技能要求	相关知识
阀门检修作业	止回阀检修	①能拆卸并清理止回阀橡胶板 ②能拆卸更换止回阀 ③能进行止回阀调试作业	管道工安装工艺
	各种阀门操作及检修作业	①能正确操作系统管网中各种阀门 ②能正确使用工具对各种阀门进行拆装作业	管道工安装工艺
给水管道管件故障处理	给水管道爆裂故障处理	①能判断出管道爆裂原因并制订维修方案 ②能拆卸安装各种管道支架 ③能组织完成拆卸更换管道的各个作业项目	a.管道工安装工艺 b.给排水设备故障处理知识 c.钳工一般知识
	金属软管爆裂故障处理	能拆卸更换管道金属软连接	给排水设备故障处理知识
	波纹补偿器爆裂故障处理	①能调整波纹补偿器限位拉杆 ②能拆卸更换管道波纹补偿器	管道工安装工艺

职业功能	工作内容	技能要求	相关知识
卡箍连接方式管道的安装及故障处理	管道安装	①会正确使用滚槽机对卡箍连接管道进行加工处理 ②能够对卡箍连接方式管道进行安装试水	a.机具使用常识 b.管道工安装工艺
	管道卡箍连接处漏水故障处理	①能判断出管道连接处漏水原因并制订维修方案 ②能正确使用工具紧固卡箍螺栓 ③能更换卡箍密封胶圈	管道工安装工艺
	管道错位调整作业	①能正确使用量具判断出管道错位点并作出相应调整 ②能根据管道接口安装位置的变化调整安装对应支架	a.量具使用常识 b.管道安装工艺
自动喷淋灭火系统故障处理	湿式报警阀误动作故障处理	①能正确使用工具更换漏水喷头 ②能查找出管网漏水点并修复 ③能拆卸更换湿式报警阀	消防系统运行管理
水泵一般故障处理	泵体作业	能正确使用量具、工具对叶轮、转子进行校平作业	a.量具使用知识 b.钳工一般知识
	电机绝缘电阻偏低	①能正确使用仪器仪表与相应工具 ②能处理电缆线电源接线端渗漏水，能更换破损电缆 ③能更换机械密封、O型密封圈	电工基础知识
	轴承作业	①能进行水泵油室注油作业 ②能进行水泵轴承更换作业	a.钳工一般知识 b.机械基础知识
污水处理故障维修	污水处理设备操作	①能熟知污水处理各环节工艺要求 ②能按要求操作污水处理系统各设备	a.水处理基础知识 b.设备操作常识
	污水处理成套设备一般故障处理	①能按照要求对空压机压力进行设定 ②能进行溶气泵的更换作业 ③能进行释放器的清洗作业 ④能按照要求调节分配阀	管道工安装工艺
电气测试	工具、量具及仪器、仪表	能够根据工作内容正确选用仪器、仪表	常用电工仪器、仪表的种类、特点及适用范围
	读图与分析	能够读懂软启动器、变频设备的电气控制原理图	a.常用较复杂设备的电气控制线路图 b.较复杂电气图的读图方法

续表

职业功能	工作内容	技能要求	相关知识
电气安装和调试	电气故障检修	①能够正确使用示波器、电桥、晶体管图示仪 ②能够正确分析、检修、排除 55 kW 以下的交流异步电动机及各种特种电动机的故障 ③风机、照明控制系统的电路及电气故障	a.示波器、电桥、晶体管图示仪的使用方法及注意事项 b.电动机及各种特种电机的构造、工作原理和使用与拆装方法
	配线与安装	①能够按图样要求进行较复杂设备的主、控线路配电板的配线(包括选择电器元件、导线等),以及整台设备的电气安装工作 ②能够按图样要求焊接晶闸管调速器、调功器电路,并用仪器、仪表进行测试	明、暗电线及电器元件的选用知识
	测绘	能够测绘一般复杂程度设备的电气部分	电气测绘基本方法
	调试	能够独立进行较复杂电气设备的通电工作,并能正确处理调试中出现的问题,经过测试、调整,最后达到控制要求	较复杂设备电气控制调试方法
制冷系统的运行操作	制冷系统的排污及气密试验	①能够用高压气体对制冷系统进行排污 ②能够用高压气体对制冷系统进行气密性实验 ③能填写气密性试验报告	a.安全排污知识 b.气密性试验的规范要求
	充加制冷剂	①能对制冷系统进行抽真空操作 ②能对制冷系统充加制冷剂	a.制冷剂的基本知识 b.充加制冷剂的安全操作规范
	冷冻机油的更换	①能将冷冻机油从系统中放出 ②能进行冷冻机油的加油操作	a.冷冻机油的选择方法 b.冷冻机油的更换指标 c.充加冷冻机油的操作方法
	处理异常情况	①能处理制冷压缩机异常声响、异常温度等一般异常情况 ②能处理制冷辅助设备液位过高或过低等一般异常情况 ③能处理节流阀等处管道堵塞造成的制冷系统异常	a.制冷系统的正常工作状态 b.一般性异常情况的处理方法
	融霜操作	①能对蒸发器进行融霜操作 ②能合理选择融霜时间	a.融霜对局部环境的影响 b.人工除霜、制冷剂热融霜、水融霜、电热融霜的安全操作规范

如表1-3所示为城轨机电综合维修高级工能力要求分析表。

表1-3　高级工能力要求分析表

职业功能	工作内容	技能要求	相关知识
管道工程施工	施工作业	①能按照施工图纸准确下料 ②能制订施工方案并组织实施	识图、制图的基本知识
	安装作业	①能安装常规的冷热水管、排水管、燃气管、卫生器具、采暖管道和组装暖气片及其水压试验 ②能安装简单的一次性仪表 ③能安装疏水器、注水器、油水分离器等管道附件 ④能安装设备配管并组对安装暖气片及吊、支、卡架的制作安装	a.工程施工基本知识 b.工器具使用常识 c.管道工安装工艺
	焊接作业	①能进行管子热煨弯作业 ②能进行管道焊制弯头、三通的放样作业 ③能进行管道调直作业	a.焊工基础知识 b.管道工安装工艺
	防腐、保温作业	①能够进行一般的管道及其附件的防腐作业 ②能组织进行管网保温棉安装的施工作业	a.油漆工工艺 b.登高作业安全知识
电动蝶阀故障处理	限位调整	能按照要求对阀门电气限位与机械限位进行调整作业	阀门选型与调试知识
	拆装作业	①能够进行执行器与阀体连接的安装作业 ②能按照要求安装手操箱、执行器	a.设备安装工艺 b.电工一般知识
	故障处理	能看懂故障代码并进行相应的故障处理	电工一般知识
给水设备作业	自动气压消防给水设备	①能更换压力传感器 ②能进行水泵轴承与叶轮的更换作业	a.压力容器一般知识 b.钳工工艺
	变频恒压给水设备	①能按照要求设定机组各项运行参数 ②能进行变频器维修及更换 ③能进行PLC维修及更换	a.电工一般知识 b.PLC基础知识
电气调试	读图与分析	能够读懂数控系统、三相晶闸管控制系统等复杂设备控制系统和装置的电气控制原理图	数控系统基本原理

职业功能	工作内容	技能要求	相关知识
电气调整与维修	电气故障检修	能够根据设备资料,排除三相晶闸管、可编程序控制器等机械设备控制系统及装置的电气故障	a.电力拖动及自动控制原理基本知识及应用知识 b.三相晶闸管变流技术基础
	配线与安装	能够按图样要求安装可编程序控制器的设备	可编程序控制器的控制原理、特点、注意事项及编程器的使用方法
	测绘	①能够测绘较复杂机械设备的电气原理图、接线图,编制电气元件明细表 ②能够测绘晶闸管触发电路等电子线路并绘出其原理图 ③能够测绘固定板、支架、轴、套、联轴器等机电装置的零件图及简单装配图	a.常用电子元器件的参数标识及常用单元电路 b.机械制图及公差配合知识 c.材料知识
	调试	能够调试数控系统等复杂设备及装置的电气控制系统,并达到说明书的电气技术要求	有关机械设备电气控制系统的说明书及相关技术资料
	新技术应用	能够结合生产应用可编程序控制器改造较简单的继电器控制系统,编制逻辑运算程序,绘出相应的电路图,并应用于生产	a.电气控制与PLC基本知识 b.计算机基本知识
	工艺编制	能够编制一般机械设备的电气修理工艺	电气设备修理工艺知识及其编制方法
制冷系统的运行操作	确定系统运行方案	①根据制冷系统负荷变化的情况制订运行方案 ②能看懂制冷系统图	a.制冷系统负荷需求的处理方法 b.制冷系统图的有关知识
	运行操作	能按系统运行方案进行运行操作	制冷系统中制冷压缩机、辅助设备及冷却设备的结构和原理
制冷系统的调整	调整制冷系统	能根据制冷系统的负荷变化调整制冷压缩机、辅助设备、冷却设备及载冷剂系统的运行状态	a.制冷压缩机、辅助设备及冷却设备的结构原理与调整方法 b.冷却系统的工作原理 c.载冷剂的基本知识
制冷系统的故障分析及维修保养	分析、处理故障	能分析和处理系统故障	a.制冷压缩机、辅助设备及冷却设备的故障分析知识 b.电路、电器的有关知识
	事故处理	能对制冷剂泄漏等类事故进行应急处理	a.电气安全知识 b.制冷系统事故的处理方法

职业功能	工作内容	技能要求	相关知识
制冷系统的故障分析及维修保养	制冷压缩机、辅助设备及冷却设备的维修保养	能组织制冷压缩机、辅助设备及冷却设备的维修保养	a. 机械零件知识 b. 机器、设备装配知识
培训指导	指导操作	能够指导本职业初、中级工进行实际操作	指导操作的基本方法

项目2　工器具介绍

任务 2.1　常用工器具及仪表

2.1.1　电子式兆欧表

如图 2-1 所示是 HIOKI 3453 电子式兆欧表，下面以此为例对电子式兆欧表的使用方法进行说明。

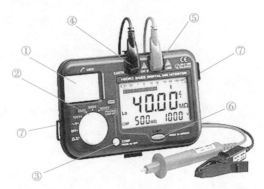

注：①测试开关（MEASURE 键）：压下或上推以进行测试动作；②功能按钮：选择测试挡位；③比较功能键（COMP 键）：开启/关闭比较功能，或于短路测试时开启/关闭蜂鸣器；④地线插孔：连接黑色测试线；⑤火线插孔：连接红色测试线；⑥冷光键（LIGHT 键）：冷光 ON/OFF 切换，记忆功能操作键；⑦背带连接孔：可与背带连接以便携带

图 2-1　HIOKI 3453 的电子式兆欧表

1）绝缘电阻测量

①选择测试挡位：125/250/500/1 000 V 其中一个挡位；

②测试线：黑色测试线连接地线，红色测试线连接于被测物上，注意在接线完成时，若被测物带有电压，荧幕上将显示电压大小，此时暂停操作，待被测物去除电压信号后再进行步骤 4 的操作，以免造成机器故障；

③压下 MEASURE 键进行量测（欲做连续测试时请将 MEASUER 键往上扳），当读值稳定时，即为测量值；

④松开 MEASURE 键，此时测量值将被自动保存；

⑤每次测量完成后,需进行自动放电,以免发生电击,放电步骤如下:

a. 测量完成后,测试线仍连接于被测物上;

b. 内部放电线路将自动对被测物进行放电;

c. 放电期间荧幕上将有⚡符号在闪烁;

d. 放电完成时,⚡符号将消失,此时完成放电动作。

2)AC 电压测量

①将功能旋钮切至 ~ V 挡;

②连接测试线于待测端;

③读取测量值。

注意:在进行此项测量时,请勿操作 MEASURE 键,以免造成机器故障。

3)电阻测量及短路测试

①将功能旋钮切至 Ω 挡;

②连接测试线于被测物上;

③读取测量值时,若测量值低于 30 Ω,蜂鸣器将发出"嗡嗡"声;欲关闭蜂鸣器功能,

注意:在进行此项测量时,请勿操作 MEASURE 键,以免造成机器故障。

4)固定比较值设定

如表 2-1 所示为电子式兆欧表测试挡位与比较值循环顺序对应表。

①选择测试挡位:125/250/500/1 000 V 其中一个挡位;

②按 COMP 键,荧幕左上角将显示"COMP"字样及比较值,每按一次 COMP 键,比较值将依下表顺序循环(如表 2-1 所示);

③按 MEASURE 键,若测量值小于比较值,荧幕上将显示"Lo",且蜂鸣器发出"嗡嗡"声;若测量值大于比较值,荧幕显示"Hi",蜂鸣器不发出声音。

注意:欲关闭比较值功能,按压 COMP 键 2 秒,则"COMP"字样消失。

表 2-1 测试挡位与比较值循环顺序对应表

序号	测试挡位	比较值循环顺序(兆欧/MΩ)
1	125 V	0.1/0.2/1/2/3/5/10/20/外部比较值
2	250 V/500 V	0.1/0.2/0.4/1/2/3/5/10/20/30/50/100/200/500/1 000/2 000/外部比较值
3	1 000 V	1/2/3/5/10/20/30/50/100/200/500/1 000/2 000/外部比较值

5)外部比较值设定

①选择测试挡位:125/250/500/1 000 V 其中一个挡位;

②按 COMP 键数次直到循环至外部比较值(见表 2-1);

③按 COMP 键 2 s,荧幕上"COMP"字样将消失;

④再按 COMP 键 2 s,荧幕左上角将显示闪烁的"COMP"字样;

⑤将欲作为参考电阻值的物件接上测试线做测量,并锁定该测量值;

⑥按 COMP 键 2 s,"COMP"字样将停止闪烁,此时测量值被设定比较值。

6)储存资料

①选择测试挡位:125/250/500/1 000 V 其中一个挡位;

②按 LIGHT 键 2 s,荧幕左上角将出现"no.1"字样;

③按 LIGHT 键选择欲储存位置(从 no.1~no.20),再按 LIGHT 键 2 s,此时资料被储存于相应位置,"no. ＊"字样消失。

7)读取储存资料

①将功能按钮置于~V 挡;

②将 LIGHT 键 2 s,荧幕显示"CALL 3453"字样后,显示储存于 no.1 的资料,每按一次 LIGHT 键,荧幕按 no.1→no.2→……→no.20→no.1→no.2→……的顺序显示资料。

8)删除储存的资料

读取储存资料时,按 LIGHT 键 5 s,此时所有储存的资料被删除(无法个别删除资料)。

9)更换电池

①将功能按钮置于 OFF 挡,并将测试线拆下;

②打开底部之电池盖,并将 4 颗 R6P 电池全部更换;

③盖上电池盖并锁紧螺丝。

2.1.2　数字照度计

如图 2-2 所示为常用的数字照度计的实物图。下面对数字照度计的特点,测量方法,电池更换等分别进行说明。

图 2-2　数字照度计

1)特点

数字式照度计具有准确度高,反应速度快,可锁定测量值,可显示符号及单位,读取方便,自动归零等特点。

2)测量方法

使用数字照度计测量时,应按以下步骤进行:

①打开电源,选择适合的测量挡位;

②打开光检测罩,并将光检测器正面对准欲测光源;

③读取照度表 LCD 的测量值,在读取测量值时,

若最高位显示"1"即表示过载,应立刻选择较高挡位重新进行测量;

④将数据保持开关拨至 HOLD,LCD 显示"H"符号,且显示值被锁定,将数据保持开关拨至 ON,则可取消度数锁定功能;

⑤测量工作完成后,请将光检测器罩好,关闭仪表电源。

3)电池更换

①电池电力不足时,LCD 上将出现"▭▭▭"指示,表示须更换电池;

②关闭电源,取下螺丝,打开电池门,从电池扣上取下电池,换上一枚新 9 V 电池;

③盖上电池门,拧紧螺丝。

4)注意事项

①请勿在高温场所下使用;

②使用时,光检测器需保持清洁;

③光源测试参考准位在受光球面正顶端;

④光检测器的灵敏度会因使用条件或使用时间而降低,建议定期对仪表进行校正,以保持基本精确度。

2.1.3　接地电阻测试仪

接地电阻是电流由接地装置流入大地再经大地流向另一接地体或向远处扩散所遇到的电阻。影响接地电阻的因素很多:接地极的形状大小、形状、数量、埋设深度、周围地理环境(如平地、沟渠、坡地是不同的)、土壤湿度、质地等。为了保证设备的良好接地,利用仪表对接地电阻进行测量是必不可少的。

在测量接地电阻时,通常采用如图 2-3 所示 ZC 型接地电阻测试仪进行测量。ZC 型接地电阻测试仪的外形结构随型号的不同稍有变化,但使用方法基本相同。ZC-8 型接地电阻测量仪其外形与普通绝缘摇表相似,附带接地探测棒两支、导线三根。

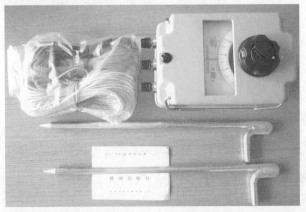

图 2-3　接地电阻测试仪

接地电阻测试仪使用方法和测量步骤:

①拆开接地干线与接地体的连接点,或拆开接地干线上所有接地支线的连接点;

②将两根接地棒分别插入地面 400 mm 深,一根离接地体 40 m 远,另一根离接地体 20 m 远;

③把测量仪置于接地体附近平整的地方,然后进行接线;

a. 用一根连接线连接表上接线桩 E 和接地装置的接地体 E′;

b. 用一根连接线连接表上接线桩 C 和离接地体 40 m 远的接地棒 C′;

c. 用一根连接线连接表上接线桩 P 和离接地体 20 m 远的接地棒 P′;

d. 根据被测接地体的接地电阻要求,调节好粗调旋钮(上有三挡可调范围);

e. 以约 120 r/min 的速度均匀地摇动摇杆,当表针偏转时,随即调节微调拨盘,直至表针居中为止,以微调拨盘调定后的读数乘以粗调定位倍数,即是被测接地体的接地电阻值。例如微调读数为 0.6,粗调的电阻定位倍数是 10,则被测的接地电阻是 6 Ω;

f. 为了保证所测接地电阻值的可靠,改变方位后应重新进行复测,多进行几次测量后,取平均值作为接地体的接地电阻。

任务 2.2　专用工器具

2.2.1　割管器

城轨机电设备维护中,特别是空调管路的维护,都要用到割管器,正确加工制作制冷剂管路是制冷空调设备维修的重要内容,而割管和倒角是管路加工的第一步。

割管器是维修过程中切割铜管的专用工具,如图 2-4 所示割管器是由刀架、滚轮、刀片、手柄组成。

图 2-4　割管器

1)使用步骤

①将铜管靠在滚轮上,顺时针旋转手柄将铜管夹紧;

②将整个割管器绕铜管旋转,割管器每旋转 2~3 圈,就顺时针旋转手柄 $\frac{1}{4}$ 圈;

③重复步骤②直至铜管切断。

2)注意事项

①铜管一定要夹持在滚轮中间;

②所加工的铜管一定要平直、圆整;

③若所加工的铜管管壁较薄,调整手柄进刀时,不得用力过猛,以免出现严重的变形,

从而影响切割或损坏刀片；

④铜管切割加工过程中出现的内凹收口和毛刺采用倒角器进一步处理。

2.2.2 倒角器

如图 2-5 所示是城轨机电设备维护中使用的倒角器，倒角器主要作用是去除切割后管口的内凹收口和毛刺。

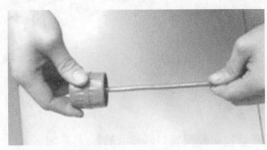

图 2-5 倒角器

1）操作步骤

①将倒角器锥形刀刃放入经切割的铜管口内；

②左手握紧铜管，右手持稳倒角器，沿刀刃方向旋转，反复操作，直至去除管口的内凹收口和毛刺。

2）注意事项

①操作时铜管不得歪斜；

②旋转时应均匀用力，不得用力过猛。

2.2.3 胀管器

如图 2-6 所示是城轨机电维护中同口径铜管的连接方式，在维修制冷空调设备时，常需要连接两根铜管，在连接前则需要对铜管进行胀口操作。

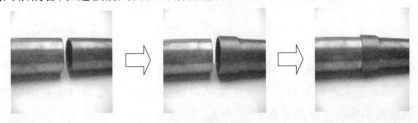

图 2-6 同口径铜管连接方式

如图 2-7 所示是胀管器的实物图，用于铜管胀口。

1）操作步骤

①根据所胀管的管径选择大小相应的胀头，并安装好；

②为防止在胀口时管口边缘破裂，应先用扩头尖部进行胀管，然后再将整个胀头插入铜管，均匀用力直至胀口成型。

图2-7　胀管器

2）注意事项

①胀管前需确保管口圆整、洁净、无毛刺；

②胀管时不得用力过猛，否则易胀裂铜管。

2.2.4　扩喇叭口器

如图2-8所示是扩喇叭口的扩充器，是制作喇叭口的专用工具。铜管喇叭口连接方式广泛应用于城轨及家用空调室内机和室外机的制冷剂铜管连接。安装方便，易拆卸。

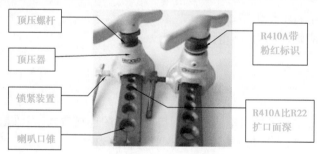

顶压螺杆

顶压器

锁紧装置

喇叭口锥

R410A带粉红标识

R410A比R22扩口面深

图2-8　扩喇叭口器

1）操作步骤

①扩口前铜螺母应先装上铜管，并注意螺母的方向；

②将需要扩喇叭口的铜管夹紧在喇叭口锥头夹板中，使管口朝向喇叭口锥头斜面一侧，且铜管露出喇叭口锥头夹板1~2 mm；

③把顶压器套在夹具上，顺时针旋转顶压器，使用顶压器的头部对准紫铜管的中心；

④继续用力旋转顶压器，完成喇叭口制作。

2）注意事项

①扩喇叭口前确保管口圆整、洁净、无毛刺；

②喇叭口不允许有裂纹或是变形，否则易造成冷媒泄漏；

③旋转顶压器扩喇叭口时不得用力过猛。否则会造成管壁过薄或开裂。

2.2.5　风速仪

如图 2-9 所示是常用的 Testo 410-1 风速仪,风速仪是测量风速的仪器,常用于测量通风管道出风口的风速,某些型号的风速仪还可同时测量温度,因而可以分析室内环境条件。

风速仪使用

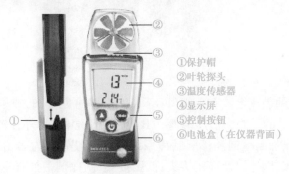

①保护帽
②叶轮探头
③温度传感器
④显示屏
⑤控制按钮
⑥电池盒（在仪器背面）

图2-9　风速仪

1）基本设置

①持续按住开关按钮,直至屏幕上显示和标识(配置模式),屏幕上显示调整功能,当前功能的标识闪烁;

②按▲按钮数次,直至所需的功能标识在屏幕上闪烁;

③按 MODE 按钮确认设置;

④重复操作第 2 和 3 个步骤来进行其他功能设置,屏幕切换至测量模式。

2）测量

①按开关按钮,打开测量模式;

②在仪器已经打开的情况下,按开关按钮,打开屏幕背光灯,如果 10 s 未操作,屏幕背光灯将自动关闭;

③为确保测量读数的准确性,仪器背靠气流放置;

④按压 MODE 按钮数次,直至 Hold 和 Avg 显示,屏幕显示均值计算的最终值,读取记录均值。

3）注意事项

①禁止在可燃性气体环境中使用风速仪;

②不要将风速仪放置在高温、高湿、多尘和阳光直射的地方;

③风速仪长期不使用时,请取出内部的电池;

④不要在风速仪带电的情况下触摸探头的传感器部位;

⑤测量时应注意气流方向。

2.2.6　歧管压力表

空调系统是一个密闭的系统,制冷剂在系统内的状态变化,看不见,摸不着,一旦出现故障往往无处下手,为了判断制冷剂在系统中的工作状态,必须借助于如图 2-10 所示的歧管压力表。

图 2-10　歧管压力表

歧管压力表的表座上装有手阀(LO 和 HI)将各通路隔离,或根据需要形成各种组合管路,标有"LO"记号的手阀为低压端阀,"HI"为高压端阀,另外,歧管压力表与制冷系统相接可进行抽真空、加制冷剂和诊断制冷系统故障。歧管压力表由高压表、低压表、手动低压阀、手动高压阀、阀体以及高压接头、低压接头、制冷剂一抽真空接头构成。工作时,高、低压接头分别通过软管与压缩机高、低压维修阀相接,中间接头与真空泵或氟利昂钢瓶相接。

1)操作步骤

①确认高压阀和低压阀已关闭;

②蓝色软管接低压侧,红色软管接高压侧,黄色软管接真空泵或制冷剂钢瓶;

③当手动低压阀开启、手动高压阀关闭时,低压管路与中间管路、低压表相通,这时可从低压侧加注制冷剂。如从低压侧加注制冷剂或排放制冷剂,可同时检测高压侧的压力;

④当手动高、低压阀均关闭时,可进行高、低压侧的压力检测;

⑤当手动高、低压阀都开启时,可进行高、低压侧的抽真空检测。

2)注意事项

①歧管压力表是一件精密仪表,必须精心维护,且保持清洁,不得损坏;

②不使用时,要妥善保管,防止软管中进入水分和脏物;

③使用前要把管内的空气排尽;

④压力表接头与软管连接时,用手拧紧,不得使用工具拧紧。

2.2.7　便携式焊炬工具箱

如图 2-11 所示为便携式焊炬工具箱,便携式焊炬是维修制冷空调设备时焊接铜管的专用工具,由氧气瓶、燃气瓶、气管、焊炬组成,此工具箱具有携带方便、体积小、重量轻等特点。

1)操作步骤

(1)焊接设备连接检查

氧气瓶连接是否安全、有无漏气,压力表压力调节。燃气瓶连接是否安全、有无漏气,压力表压力调节,软管有无漏气,焊炬是否关闭。

图2-11　便携式焊炬工具箱

（2）焊前清理

焊前要清除焊件表面及接合处的油污、氧化物、毛刺及其杂物，保证铜管端部及接合面的清洁与干燥，另外还需要保证钎料的清洁与干燥。

对于铜管，必须用去毛刺机去除两端面毛刺，然后用压缩空气（压力 $P = 0.6$ MPa）对铜管进行吹扫，吹干净铜屑。

（3）铜管安装

对于套接形式的钎焊接头，选择合适的套接长度是相当重要的，一般铜管的套接长度在 5～15 mm（注：壁厚大于 0.6 mm 直径大于 8 mm 的管，其套接长度不应小于 8 mm）；毛细管的套接长度在 10～15 mm。若套接管长度过短易使接头强度（主要指疲劳特性和低温性能）不够，更重要的是易出现焊堵现象。

铜管安装完毕后，应检验钎焊接头是否变形、破损，以及套接长度是否合适，不良接头（如图2-12所示）应避免，若出现不良接头应拆除重新安装后方可焊接。

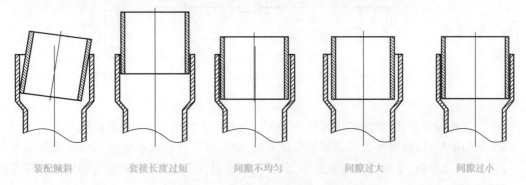

装配倾斜　　　　套接长度过短　　　　间隙不均匀　　　　间隙过大　　　　间隙过小

图2-12　铜管安装不良接头示意图

（4）充氮保护

接头安装经检查正常后开启充氮阀进行充氮保护，以防铜管内壁受热而被空气氧化，焊前的充氮时间要求应依据具体工序的作业指导书要求，为保证焊前和焊接后有充足的氮气保护，对充氮要求如表2-2所示。一般来说，预充式（短时置换）停留的时间为 3～5 s

就需快速焊接。

表 2-2　充氮量与时间、压力关系表

管径/mm	氮气流量 L/min（焊接中）	焊后保持时间/s	氮气压力/MPa	
			预充式（短时置换）	边充边焊（连续置换）
<10	≥4	≥3		
≥10	≥6	≥6	0.05～0.2	0.05～0.1

（5）点火

点火之前，先把氧气瓶和燃气瓶上的总阀打开（注意燃气阀开半圈），然后转动减压器上的调压手柄（顺时针旋转），将氧气和燃气调到工作压力，工作压力按照使用焊枪类型调节。再打开焊炬上的燃气调节阀，此时可以把氧气调节阀少开一点氧气助燃点火（用明火点燃），如果氧气开得大，点火时就会因为气流太大而出现"啪啪"的响声，而且难以点着，如果氧气开得较小，虽然也可以点着，但黑烟较大。点火时，手应放在焊嘴的侧面，不能对着焊嘴，以免点着后喷出的火焰烧伤手臂。

（6）调节火焰

刚点火的火焰是碳化焰，然后逐渐开大氧气阀门，改变氧气和燃气的比例，根据被焊材料性质及厚薄要求，调到所需的中性焰。需要大火焰时，应先把燃气调节阀开大，再调大氧气调节阀；需要小火焰时，应先将氧气关小，再调小燃气。

（7）施焊

针对现有的情况，焊接有三种位置：竖直焊、水平焊、倒立焊，如图 2-13 所示。

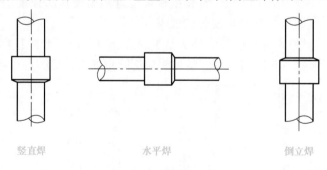

竖直焊　　　　　　　水平焊　　　　　　　倒立焊

图 2-13　焊接位置示意图

三种施焊方式，加热方法如图 2-14 所示，管径大且管壁厚时，加热应近些。为保证接头均匀加热，焊接时使火焰沿铜管长度方向移动，保证杯形口及附近 10 mm 范围内均匀受热，但倒立焊时，下端不宜加热过多，若下端铜管温度太高，则会因重力和铺展作用使液态钎料向下流失。

（8）焊后处理

焊后应清除焊件表面的杂物，特别是黄铜与紫铜焊接后应用清水清洗或砂纸打磨焊件表面，以防止表面被腐蚀而产生铜绿。

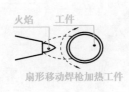

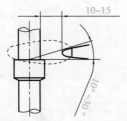

加热距离：从白焰芯起，离工件10~15 mm；
加热角度：从工件中心起，火焰成10°~30°

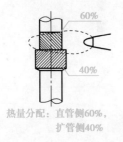

热量分配：直管侧60%，
扩管侧40%

图 2-14　施焊加热方法示意图

2）注意事项

①目视检查钎焊部位，不应有气孔、夹渣、未焊透、搭接未熔合等；

②去除钎焊部位表面的焊剂和氧化膜；

③用水冷却的部件，必须用气枪吹干水分；

④按规定摆放所有部件，避免碰伤、损坏；

⑤焊后检验；

⑥对钎焊的质量要求如下：

a.焊缝接头表面光亮，填角均匀，光滑圆弧过度；

b.接头无过烧、表面严重氧化、焊缝粗糙、焊蚀等缺陷；

c.焊缝无气孔、夹渣、裂纹、焊瘤、管口堵塞等现象；

d.部件焊接成整机后，进行气密试验时，焊缝处不得有制冷剂泄漏。

2.2.8　卤素检漏仪

1）卤素检漏仪组成

如图 2-15 所示是城轨系统常用的 TIF 5750A 型卤素检漏仪。由图可知其主要由电源开关、探头、电源指示灯、探头手柄、传感端头、LED 泄漏强度指示器等组成。

2）TIF 5750A 卤素检漏仪主要特点

①能探测各种卤素制冷剂（含氯或氟），包括以下制冷剂但不限于：a.CFCs：即 R12，R11，R500，R503 等；b.HCFCs：即 R22，R123，R124，R502 等；c.HFCs：即 R134a，R404a，R125 等；d.混合物：即 A2-50，HP62，MP39 等。

②操作温度：0~52 ℃；

③快速预热：预热时间 5~6 s；响应时间：瞬时；校定时间：1 s；

④有较长的柔性不锈钢探头探测所有区域；

⑤自动校定：当开启仪器或调校时，无论传感器端头周围的气体浓度如何，仪器调零，

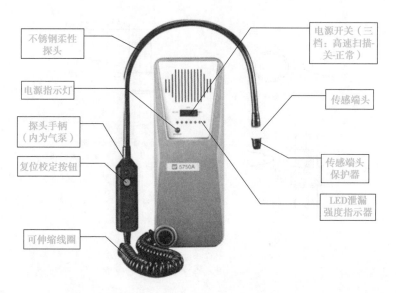

不锈钢柔性探头

电源指示灯

探头手柄（内为气泵）

复位校定按钮

可伸缩线圈

电源开关（三档：高速扫描-关-正常）

传感端头

传感端头保护器

LED泄漏强度指示器

图 2-15　TIF 5750A 卤素检漏仪

只有当气体浓度较高时才检出,当开启仪器或调校时,如在端头周围无卤素气体,则仪器是设于最大灵敏度(0.5oz/a(14 g/a))并会显示出任何卤素的变化,例如若仪器在开启或调校时端头周围有 $100×10^{-6}$ 浓度的卤素气体,则高于 $100×10^{-6}$ 浓度的卤素气体会被检出;

⑥独一无二的扫描方式,增加灵敏性,加快泄漏检测;

⑦发光二极管泄漏强度指示器显示相应泄漏量。

3)操作步骤

①仪器准备:检查仪器在校验有效期内。将检漏仪从仪器盒中稳稳拿出,检查仪器完好无损,传感端头及端头保护器无脏污,将探头捋直,距端头 70 ~ 80 mm 处折弯成夹角 150°左右。

②开启仪器:将电源开关向左拨至 SCAN(HI)挡,预热 5 ~ 6 s,如电源指示灯发暗或闪烁,仪器发出不规律或连续的"嘟嘟"声,表示电量不足,需打开电池盒盖,更换电池。

③采用扫描模式(SCAN)快速检漏:该模式适用于初始快速检漏。将电源开关开到左边,仪器处于扫描模式。由于仪器自动调节到超灵敏,与普通(NORMAL)模式相比,"嘟嘟"声(在新鲜空气中)将加快。当处于扫描方式时,将探头在可疑漏点处稳定地移动,探头移动的速度介于 25 ~ 50 mm/s(1 ~ 2 in/s),距检测表面高度 5 ~ 10 mm,防止污物沾染端头,任何"嘟嘟"声的加快均表明了发现泄漏。

④采用正常模式(NORMAL)准确定位漏点:当采用扫描模式检出泄漏时,电源转换开关拨至右侧正常模式(NORMAL)挡。"嘟嘟"声(在新鲜空气中)将会恢复到正常和较慢速,将探头在可疑泄漏区域移动,移动速度不大于 4 mm/s,距检测表面高度 5 mm 左右,任何"嘟嘟"声的加快均表明了发现泄漏。

⑤反复确定漏点:将探头脱离泄漏区域,在新鲜空气区域中按下手柄上的复位校定按钮调零,让检漏仪稳定发出 5 或 6 次"嘟嘟"声,再次将探头靠近可疑漏点,"嘟嘟"声的加快均表明了发现泄漏。必要时,观察可疑漏点周围是否有油污,并用肥皂水定位漏点,同

时做好标识,以便维修。

⑥继续进行其余区域的检漏。

4)注意事项

①检漏仪属精密仪器,不使用时请关闭仪器,整理并收纳于仪器盒内,室温保存,避免保存在有尘、潮湿、强磁场的环境下;

②禁止跌落、碰撞、敲击、损坏仪器;

③使用时轻拿轻放;

④保持传感端头清洁,每次使用仪器前都要检查端头和保护器以判明其没有脏污或油脂附着;

⑤切勿使用汽油、松节油、矿物酒精等溶剂清洁仪器,可能会造成残留,并使仪器不灵敏;

⑥更换电池、传感端头时,先将电源开关置于关(OFF)位置;

⑦禁止拆卸仪器。

2.2.9 真空泵

1)真空泵

如图2-16所示为飞越系列单、双级旋片式真空泵结构组成,由图可知其主要由电机、电源开关、进气嘴、风叶罩、加油塞等组成。真空泵指利用机械、物理、化学或物理化学的方法对被抽容器进行抽气而获得真空的器件或设备。

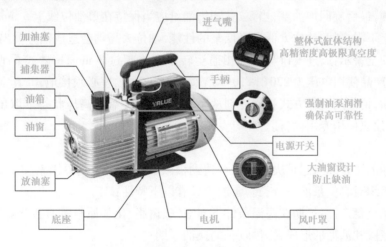

图2-16 飞越系列单、双级旋片式真空泵

2)真空泵特点

①尺寸更小、重量更轻:采用直联电机设计,在保证同样抽气速率的前提下,使结构紧凑、尺寸更小、重量更轻,携带使用更加方便;

②高极限真空、高抽气速率:双级旋片的设计,提高了真空度和抽气速率,减少了泵的排气时间,确保抽除系统中的制冷剂及水分;

③长效过滤:进气滤网能有效防止异物进入泵腔,捕集器能有效将油雾从废气中分离出来;

④舒适牢固的手柄:造型轻巧别致的金属手柄易于泵的存取,且在操作过程中保证可靠使用,手柄上的橡胶护套能始终保持常温;

⑤良好的材质选择:铝材压铸的油箱和电机机壳使泵重减轻,金属底板使产品更加可靠;

⑥新冷媒真空泵:进气口安装高品质电磁阀和真空表,当指针指向零位时,抽空作业完成,断电后自动切断被抽系统;油封、O形圈等密封件采用特殊材料,耐所有冷媒。

⑦安全警示

a. 为避免人身伤害,请仔细阅读并遵守使用说明书指示操作;

b. 使用制冷剂工作时请戴上护目镜;

c. 请勿直接接触制冷剂,防止制冷剂造成人身伤害;

d. 连接电源时要求所有相关设备均正常接地,以防止电击的危险;

e. 因泵工作时表面会发热,操作时请不要触碰油箱或电机机壳。

3)使用前的准备工作

①检查所使用的电源是否与产品铭牌上标注的电源电压及频率相符。

②请确保泵在接通电源前开关处于关闭状态。

③泵油的加注:a. 旋开加油塞,加油至油位线或两根油位线中间(不同型号之间存在差异,油箱上有单线和双线两种状态),加油量见技术参数表,加油速度不能过快,防止泵油溢出;b. 打开电源开关,泵开始运转,运转大约 1 min 后,检查油窗内的油位,油位太低需关机加油,最后旋回加油塞,当泵运转时,油量应当保持在单油位线上 5 mm 范围内或两根油位线上下限之间,油位太低会降低泵的性能,油位太高则会造成油雾喷出。

④安全警示:a. 进气口与大气相通运转不允许超过 3 min;b. 本产品使用环境 5～60 ℃;c. 本产品使用电压为 220(1±10%)V/50 Hz,电源插座必须接地;d. 真空泵接入 A/C-R 系统之前,请使用可靠方式将制冷剂从系统中抽出,注意在高压状态下取出制冷剂将会损伤泵体,建议使用专用设备。

4)泵油的选择

泵油的型号和状态是决定泵能否达到极限真空的一个重要因素如表 2-3 所示为国际化标准组织对真空泵油的分类。泵油应具有以下特性:

①氧化稳定性:长期在高温条件下与空气、树脂、化学原料等直接接触亦不易变质,减少有害漆膜和油垢的形成,提供较长的换油周期;

②防锈防腐蚀性:能在金属表面形成非常有效的防腐膜,从而可以全面防止因吸入腐蚀性气体和水分而导致的系统腐蚀;

③能迅速将油液中夹带的水分分离出来,达到所需的真空度;

④具较低的蒸汽压,防止油品从泵的内腔向真空系统返流扩散造成返油,从而保证有足够的极限真空。

表 2-3　国际标准化组织对真空泵油的分类(ISO 6743/3A—1987)

组别	范围	特殊应用	具体应用	ISO-L 符号	典型应用
D	真空泵	压缩式有油润滑的容积式真空泵	往复式、滴油回转式、喷油回转式(滑片和螺杆)	DVA DVB	低真空,用于无腐蚀性气体 低真空,用于有腐蚀性气体
			油封式真空泵(回转滑片和回转柱塞)	DVC DVD	中真空,用于无腐蚀性气体 中真空,用于有腐蚀性气体
				DVE DVF	高真空,用于无腐蚀性气体 高真空,用于有腐蚀性气体

注:当泵油出现乳化及被污染时,请您及时更换真空泵油。

5)换油程序

①为确保泵处在热态,换油前泵大约需要运转 1 min。

②泵运转同时打开进气口,使泵腔内的油被迫流出,关闭开关停泵后再打开放油塞,将废油放入一个合适的容器,并合理处置。

③油停止流动时,倾斜泵体以便彻底排出残余的废油。

④旋紧放油塞。

⑤打开加油塞,加入新的泵油(同用泵前的准备工作第 3 项)。

⑥盖上进气帽,启动泵运转一分钟后检查油位,如果油位在油位线以下 5 mm 或两根油位线下限以下,应缓慢加油(泵正常运转)至正常油位,最后旋上加油塞。

2.2.10　管道疏通机

管道疏通机是对管道进行疏通的专业机械,使用时必须遵守以下几条:

1)安全注意事项

①管道疏通机必须接地,以免造成人员伤害事故。

②使用管道疏通机时,请不要在易燃易爆物附近进行操作,以免造成人身伤害事故。

③使用管道疏通机时,请必须佩戴皮质防护手套,请勿使用破旧的布制手套代替。

④使用管道疏通机时,请佩戴安全眼镜和防滑橡胶绝缘鞋,以免造成人身伤害事故。

⑤使用本产品时,请勿将手靠近皮带轮和装置,以免造成人身伤害事故。

⑥使用管道疏通机时,请勿过度进给软轴,以免软轴缠绕或损坏,还可能造成人身伤害事故。

2)操作注意事项

①必须使用具有良好保护接地的单项三极插头插座。

②管道堵塞后很容易造成工作场地积水,在积水和潮湿的环境下使用时,应注意相应的安全防护措施,将主机置于无积水的干燥位置。

③操作者应佩戴绝缘手套,穿着绝缘鞋或站在绝缘垫上。

④必须使用额定电压和标准容量的保险丝,切不可使用金属丝等替代品。

⑤移动机器或拔下插头时,不得拉拔电源线。

⑥在狭窄场所或特殊环境(如锅炉房、管道内、潮湿地带等)作业时,应有人监护。

⑦非专业人员不得擅自拆卸和修理本产品。

⑧操作完毕,应首先切断电源,再做现场清理和机器的维护保养工作。

⑨当使用和擦拭机器时,应防止主机内部进水,若不慎进水,在机器未干燥前不得使用。

管道疏通
机的使用

⑩严禁使用故障机器操作。

3)使用和操作方法

手动或机动管道疏通机,均采用柔性软轴,配以不同形状的钻具,利用快速旋转和手动推进或自动进给的联合作用,清理管道内各种堵塞物。确定管道疏通后,可操作主机带动软轴继续运转几分钟,使软轴进一步去除管壁上的污物,同时加水冲洗效果更佳。

(1)手动型管道疏通机

如图2-17所示是手动型管道疏通机,其操作过程如下:

①松开锁紧夹头(或锁母),将软轴拉出;

②将软轴插入需疏通的管道内至费力时;

③距管口预留100 mm软轴,锁紧夹头(或锁母);

④旋转滚筒(或曲拐)并同时向管道口推进,使软轴通过受阻区松开夹头,重复2~4步骤,直至疏通;

⑤使用后,请将软轴冲洗、擦拭干净并风干,插入滚筒内备用。

图2-17 手动型管道疏通机

图2-18 机动型管道疏通机

(2)机动型管道疏通机

如图2-18所示是机动型管道疏通机,操作过程及注意事项如下:

①将软轴从主机芯轴内穿出;

②选择适当的钻具,牢固连接在软轴上;

③将主机放在适当位置,钻具、软轴尽量插入管道内;

④机器后部软轴留出2~4 m,其余卸下备用;

⑤将插头插入具有良好保护接地的单项三孔插座中;

⑥打开控制开关,使主轴正向顺时针旋转;

⑦在管口与主机之间预留一段(100~300 mm)软轴,压下操纵手柄,同时握住已旋转

软轴,向管道内推送,并逐步增加推送的力量,使软轴前进,并通过阻力区,重复以上操作,直至疏通;

⑧停机后,将软轴从管道内拉出,清除污物,擦干备用,同时防止软轴带出的污水流入主机或污染其他设施;

⑨主机使用完毕,空转 2~3 min 后,在注油孔加注润滑油(20 号机油)防止主轴锈蚀;

⑩确定管道疏通后,可继续运行几分钟,使软轴进一步去除管壁上的污物,同时加水;

⑪在工作中,请不要使用反转,以免损坏软轴。

2.2.11 管道滚槽机

如图 2-19 所示是管道滚槽机,滚槽机是在使用沟槽接头作为管道连接件时,对管子进行预处理的专用工具。

图 2-19　管道滚槽机

1)沟槽式卡箍连接

(1)沟槽式卡箍连接的特点

如表 2-4 所示为沟槽式卡箍连接的主要特点。

表 2-4　沟槽式卡箍连接特点

序号	图　示	连接特点
1		膨胀和收缩:沟槽式卡箍管道连接器用于柔性连接,在温度变化时,允许管道膨胀或收缩,使伸缩间隙最小或消失
2		易于维护:沟槽式卡箍管道连接器可以容易地拆卸,方便维护,检修和系统改装

续表

序号	图示	连接特点
3		管道噪声和振动小:有弹性的密封圈和设计预留的连接器间隙,能隔离和吸收噪声并抑制震动的传输
4		自约束:沟槽式卡箍管道连接器沿管道端口周边凹槽,将两侧管道咬合在一起,能自动约束系统压力或其他外力,连接器最大额定工作压力可达 17 MPa
5		管道中心线错位安装:当墙或楼板管道预留孔定位不准时,管道中心线会错位。沟槽式卡箍柔性管道连接器可以满足管道中心线错位安装,可以允许管道向任何方向偏斜
6		柔性连接:沟槽式卡箍管道连接器的柔性设计能吸收和消除由于不均匀沉降及地震震颤产生的应力

沟槽式卡箍连接具有以上特点,因此对于管径 100 mm 以上的镀锌钢管主要选择采用沟槽式卡箍连接方式进行连接。

钢管沟槽使用专用的钢管压槽机压制而成。压槽机配轮由压轮和滚轮配对组合,沟槽宽度及端头长度均由配轮组合决定。沟槽深度定位标尺是控制压轮下压的根本限制,其下压过程依次实现在滚轮启动和管体旋转中,旋转一周、下压一级,以保证压延过程中不出现管体真圆度改变及槽道深浅不一,如图 2-20 所示为钢管压槽的原理图。

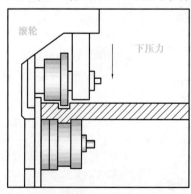

图 2-20　钢管压槽原理图

（2）钢管的沟槽加工过程

如表2-5所示为钢管沟槽加工的过程示意图。

表2-5　钢管沟槽加工过程

钢管沟槽加工过程示意图	
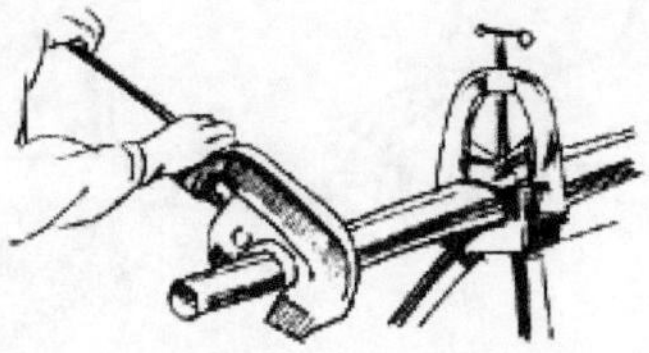 1. 钢管定尺截断	 2. 去除断口上的毛刺
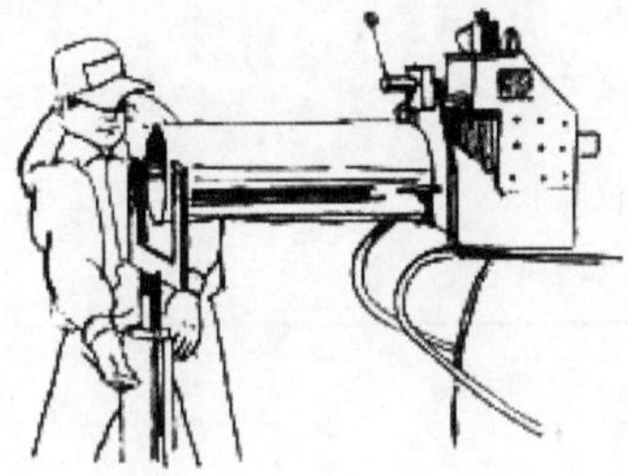 3. 钢管放入滚槽机和滚轮支架之间	 4. 下压手动液压泵使滚轮顶到钢管外壁
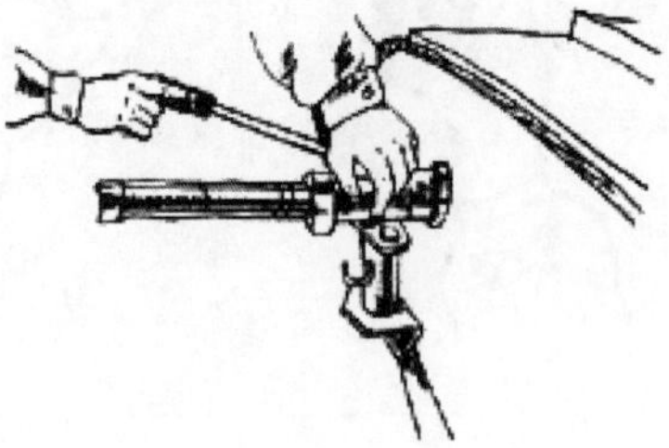 5. 锁紧手动液压泵回油阀	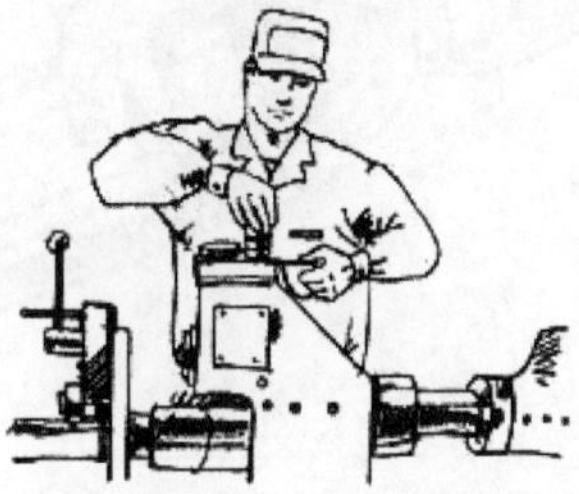 6. 将对应管径塞尺塞入标尺确定滚槽深度
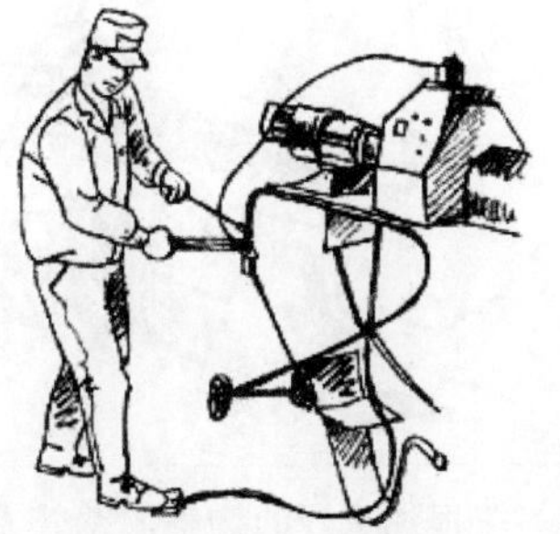 7. 踏动滚槽机开关同时下压手动液压泵	 8. 启动滚槽机转动滚槽到达标尺限位

续表

钢管沟槽加工过程示意图
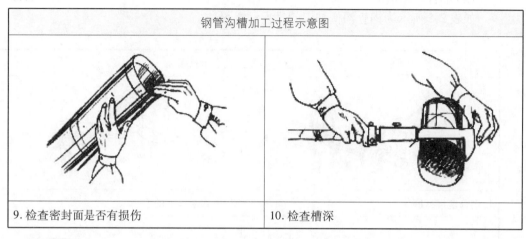
9.检查密封面是否有损伤 | 10.检查槽深

（3）沟槽式卡箍管件安装

如表2-6所示为沟槽式卡箍管件安装的示意图。

表2-6　沟槽式卡箍管件安装

沟槽式卡箍管件安装示意图
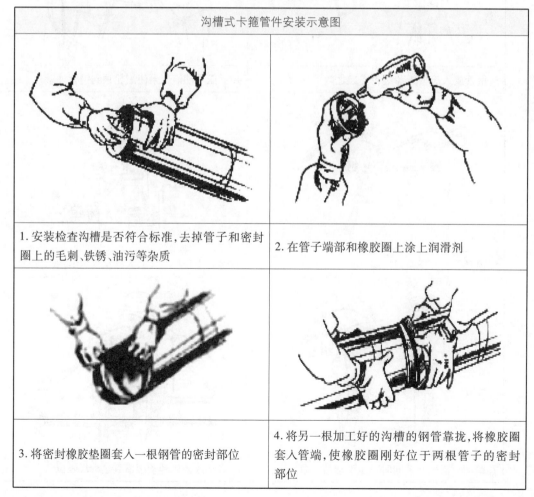
1.安装检查沟槽是否符合标准,去掉管子和密封圈上的毛刺、铁锈、油污等杂质 | 2.在管子端部和橡胶圈上涂上润滑剂
3.将密封橡胶垫圈套入一根钢管的密封部位 | 4.将另一根加工好的沟槽的钢管靠拢,将橡胶圈套入管端,使橡胶圈刚好位于两根管子的密封部位

沟槽式卡箍管件安装示意图

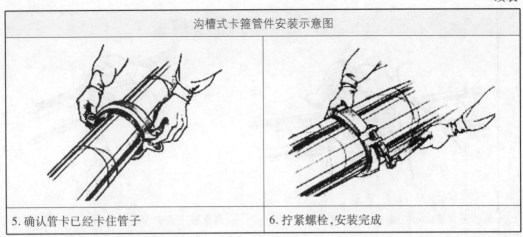

5.确认管卡已经卡住管子	6.拧紧螺栓,安装完成

（4）钢管开孔及三通安装

钢管采用沟槽式卡箍连接时,在需要开三通的管道上必须使用专用的钢管开孔机进行机械开孔,不允许使用气割开孔。开孔后必须做好开孔断面的防腐处理。

钢管开孔及安装机械三通的方法如表2-7所示。

表2-7　钢管开孔及机械三通安装

钢管开孔及机械三通安装示意图	

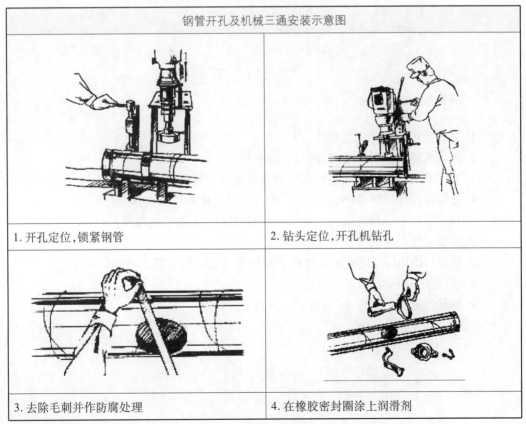

1.开孔定位,锁紧钢管	2.钻头定位,开孔机钻孔
3.去除毛刺并作防腐处理	4.在橡胶密封圈涂上润滑剂

钢管开孔及机械三通安装示意图	
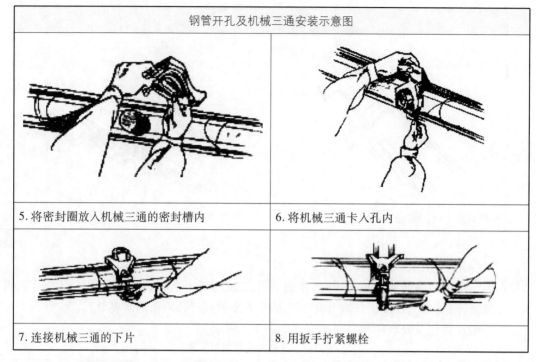	
5.将密封圈放入机械三通的密封槽内	6.将机械三通卡入孔内
7.连接机械三通的下片	8.用扳手拧紧螺栓

复习思考题

1. 割管器切铜管时应注意什么？

2. 使用风速仪测量风速时,测量步骤是什么？

3. 如何使用歧管压力表进行制冷空调机组压力测量？

4. 使用钎焊焊炬焊接铜管时,焊后处理和焊后注意事项有哪些？

5. 如何使用电子检漏仪的正常模式(NORMAL)准确定位漏点？

6. 真空泵使用前的准备工作有哪些？

7. 简述(HIOKI3453)电子式兆欧表测量绝缘电阻的注意事项。

8. 简述数字照度计维护事项。

9. 简述管道安装过程中,沟槽式卡箍连接的特点。

项目3　初级工理论知识及实操技能

任务 3.1　环控系统

3.1.1　通风空调系统基础知识

1)集中式空调系统

集中式空调系统设置集中在空调机房,空气处理设备(组合式空调机组、柜式空调机组)及通风机都在其中。其中的空气处理设备既可以由直接膨胀式制冷剂蒸发器对空气进行降温除湿,也可由表冷器对空气进行降温除湿。这种系统通常将处理好的空气用风管输送至各个房间。

集中式空调系统的基本组成:空气处理部分、空气输送部分、空气分配部分、冷热源部分。

2)集中式空调系统分类

(1)封闭式系统

如图 3-1 所示为封闭式空调系统,送入公共区(设备区)的空气全部通过回风管道进行再循环。

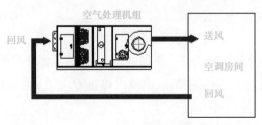

图 3-1　封闭式系统图

(2)直流式系统

如图 3-2 所示为直流式空调系统,它所处理的空气全部来自室外,室外空气经处理后送入公共区(设备区),然后全部排出室外。

(3)混合式系统

如图 3-3 所示为混合式空调系统,综合以上两种系统可知,封闭式系统未引入室外新鲜空气,卫生条件较差,不能满足卫生要求,直流式系统在经济上不合理,所以两者都只在

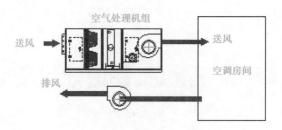

图 3-2　直流式系统图

特定情况下使用。对于绝大多数场合,往往需要综合这两者的利弊,采用混合一部分回风的系统,这种系统既能满足卫生要求,又经济合理,故应用最广。

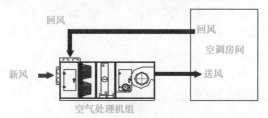

图 3-3　混合式系统图

3)半集中式空调系统

风机盘管空调系统主要由风机盘管机组以及送风机、送风道和送风口组成。

（1）风机盘管机组的种类

一般分为立式和卧式两种,在安装方式上又分为明装和暗装。

（2）风机盘管水系统

风机盘管水系统的功能是输配冷（热）流体,以满足末端设备或机组的负荷要求。配置原则具有足够的输送能力,经济合理地选定水泵、管材和管径,具有良好的水力工况稳定性,应便于空调系统负荷变化时的运行调节,实现空调系统节能运行要求,并便于管理、检修和养护。

3.1.2　制冷系统基础知识

制冷的基本原理是利用某种工质的状态变化,从低温热源吸取一定的热量 Q_0,通过消耗功 W 的补偿过程,向较高温度的热源放出热量 Q_k。在这一过程中,由能量守恒得：$Q_k = Q_0 + W$。

单级压缩蒸气制冷循环如图 3-4 所示。

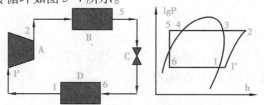

A：压缩机　B：冷凝器　C：节流机构　D：蒸发器

图 3-4　单级压缩蒸气制冷循环图

单级压缩蒸气制冷机由以下几个基本组成部分:压缩机、冷凝器、节流机构(毛细管、膨胀阀、供液球阀等)、蒸发器。

压缩机是保证制冷的动力,利用压缩机增加系统内制冷剂的压力,使制冷剂在制冷系统内循环,达到制冷目的。压缩机吸入蒸发制冷后的低温低压制冷剂气体,压缩成高温高压气体送入冷凝器;高压高温气体经冷凝器冷却后使气体冷凝变为常温高压液体;当常温高压液体流入节流机构,经节流成低温低压的湿蒸气,流入蒸发器,从周围物体吸热,经过风系统使空调房间温度冷却下来,蒸发后的制冷剂回到压缩机中,又重复下一个制冷循环,从而实现制冷目的。

从压缩机出口经冷凝器到膨胀阀前这一段称为制冷系统高压侧;如忽略压力损失可视为冷凝温度下制冷剂的饱和压力;高压侧的特点是制冷剂向周围环境放热冷凝为液体,制冷剂流出冷凝器时,温度降低变为过冷液体。从膨胀阀出口到进入压缩机的回气这一段称为制冷系统的低压侧,压力等于蒸发器内蒸发温度的饱和压力,制冷剂的低压侧段先呈湿蒸气状态,在蒸发器内吸热后制冷剂由湿蒸气逐渐变为气态制冷剂。到了蒸发器的出口,制冷剂的温度回升为过热气体状态。过冷液态制冷剂通过膨胀阀时,由于节流作用,由高压降低到低压(但不消耗功、外界没有热交换);同时有少部分液态制冷剂汽化,温度随之降低,这种低压低温制冷剂进入蒸发器后蒸发(汽化)吸热。低温低压的气态制冷剂被吸入压缩机,并通过压缩机进入下一个制冷循环。

1)压缩机

压缩机的作用是将蒸发器中的低温低压制冷剂蒸气吸入,压缩到高温高压的过热蒸气,排到冷凝器。常用的压缩机有活塞式、转子式、涡旋式、螺杆式和离心式等。如图 3-5 所示为西安地铁二号线使用的螺杆式压缩机。

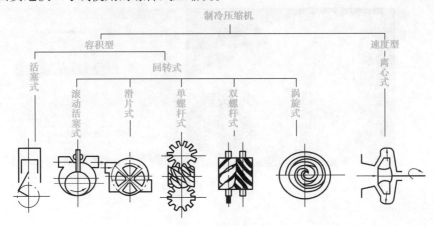

图 3-5　制冷压缩机分类图

2)蒸发器

蒸发器是输出热量的设备,蒸发器吸收的热量加上压缩机消耗的功转化的热量在冷凝器中被冷却介质带走,蒸发器有满液式蒸发器和干式蒸发器两种。如图 3-6 所示为西安地铁二号线所使用的是满液式蒸发器,下面对满液式蒸发器进行分析。

满液式蒸发器是指液体制冷剂经过节流装置后进入蒸发器,蒸发器内液位保持一定,换热管浸没在液体制冷剂中。吸热蒸发后的气液混合物中仍有大量液体,故满液式蒸发

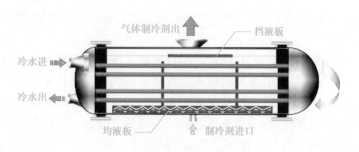

图 3-6　蒸发器

器出气口都加有挡液板,减少吸气中的液体。满液式蒸发器的主要特点是表面被液体湿润,故表面传热系数高,K 值大,制冷剂侧阻力小,对于润滑油与制冷剂互溶的情况下,较难回油,由于壳体内充满制冷剂,制冷剂充足。

3)冷凝器

冷凝器是指将来自压缩机的高温高压用制冷剂蒸气冷凝成过冷的液体的制冷设备。在冷凝过程中,制冷剂蒸气放出热量,用水或空气来冷却,比如西安地铁采用的为卧式壳管式水冷冷凝器。卧式壳管式水冷冷凝器由筒体、管板、冷凝管、端盖等组成。其主要优点是:结构紧凑、传热系数高、冷却水消耗量少、操作管理方便。

4)节流机构

节流机构是指对制冷剂起节流降压作用并调节进入蒸发器的制冷剂流量。节流机构种类较多,有热力膨胀阀、球阀、毛细管。如图 3-7 所示为球阀节流装置图,由图可知机组采用球阀节流,通过液位传感器和调制马达的协同动作,有调制马达驱动球阀转动达到调节供液的装置。

图 3-7　球阀节流装置图

3.1.3　隧道通风空调系统基础知识

1)通风系统

地铁通风空调系统分为开式系统、闭式系统和屏蔽门式系统。根据使用场所和标准又分为车站通风空调系统、区间隧道通风系统和车站设备管理用房通风空调系统。

（1）开式系统

开式系统是采用机械或"活塞效应"的方法使地铁内部与外界交换空气,利用外界空气冷却车站和隧道,多用于当地最热月的月平均温度低于 25 ℃且运量较少的地铁系统。

①活塞通风

列车正面与隧道断面面积之比(称为阻塞比)大于0.4时,列车在隧道中高速行驶产生活塞效应,使列车正面空气受压,形成正压,列车后面空气稀薄,形成负压,由此产生空气流动,称活塞效应通风。

活塞风量大小与列车在隧道内的阻塞比、列车行驶速度、列车行驶空气阻力系数、空气流经隧道的阻力等因素有关。利用活塞风来冷却隧道,需要与外界进行有效空气交换,使有效换气量达到设计要求。当风井间距小于300 m、风道的长度在25 m以内、风道面积大于10 m^2 时,有效换气量较大。在隧道顶上设风口效果更好。设置很多活塞风井对大多数城市都很难实现,因此全"活塞通风系统"只有早期地铁应用,现今建设的地铁则设置活塞通风与机械通风的联合系统。

②机械通风

当活塞式通风不能满足地铁除余热、余湿要求时,则要设置机械通风系统。根据地铁系统的实际情况,可在车站与区间隧道分别设置独立的通风系统。车站通风一般为横向的送排风系统;区间隧道一般为纵向的送排风系统,这些系统应具备排烟功能。区间隧道较长时,宜在区间隧道中部设中间风井。对于当地气温不高,运量不大的地铁系统,可设置车站与区间连在一起的纵向通风系统,一般在区间隧道中部设中间风井。

(2)闭式系统

闭式系统使地铁内部基本上与外界大气隔断,仅供给满足乘客所需的新鲜空气量。车站一般采用空调系统,而区间隧道的冷却是借助于列车运行的"活塞效应"携带一部分车站空调冷风来实现。这种系统多用于当地最热月的月平均温度高于25 ℃、运量较大、高峰时间内每小时的列车运行对数和每列车车辆数的乘积大于180的地铁系统。

(3)屏蔽门系统

在车站的站台与行车隧道间安装屏蔽门,将其分隔开,车站安装空调系统,隧道用通风系统(机械通风或活塞通风或两者兼用)。若通风系统不能将区间隧道的温度控制在允许值以内时,应采用空调或其他有效的降温方法。

安装屏蔽门后,车站成为单一的建筑物,它不受区间隧道行车时活塞风的影响。车站的空调冷负荷只需计算车站本身设备、乘客、广告、照明等发热体的散热,及区间隧道与车站间通过屏蔽门的传热和屏蔽门开启时的对流换热。此时屏蔽门系统的车站空调冷负荷仅为闭式系统的22%~28%,且由于车站与行车隧道隔开,减少了运行噪声对车站的干扰,不仅使车站环境较安静、舒适,也使旅客更为安全。

西安地铁环控系统采用屏蔽门制式环控系统,屏蔽门制式系统即:站台和轨行区分开,车站为独立的制冷、除湿区、因此有安全、节能和美观等优点。由于屏蔽门的隔断,屏蔽门制式环控系统形成了两个相对独立的系统——车站空调通风系统和隧道通风系统。

(4)车站空调通风系统

①车站站厅、站台公共区的通风、排烟系统,简称大系统。由组合空调机、回排风机、新风机、排烟风机以及各种风阀、防火阀等组成。

车站大系统一般情况下每端设置一套,服务半个车站。为站厅站台排除余热余湿,为乘客创造舒适的进站及候车环境。大系统除了完成站厅站台通风外,还需完成火灾等事故情况下的消防排烟功能。火灾时向乘客输送必要的新风,诱导乘客疏散。

②车站设备管理用房空调通风系统（兼排烟系统），简称小系统。由柜式空调机、排风、排烟风机、风阀、防火阀等组成。

车站小系统根据车站管理以及设备房间不同需求，提供相应的环境条件，进而保证车站设备的正常运行，并为车站管理人员提供优质的工作环境。小系统设备除负责通风外，主要也负责火灾等事故情况下的消防排烟功能。设备区部分重要设备房设置了独立的气体灭火系统，一旦火灾喷气后会在房间内产生有害气体，小系统风机还起到了排毒的功能。

③车站制冷空调循环水系统，简称水系统。在夏季时水系统通过热传递的方式为大、小系统提供冷源，通过大、小系统为车站各个区域输送冷风，保证地铁车站区域内不同房间的冷量需求。水系统由冷水机组、水泵、冷却塔、水阀与管路等设备组成。

（5）隧道通风系统

①区间隧道活塞风与机械通风系统（兼排烟系统），简称 TVF 系统。如图 3-8 所示，区间隧道机械通风系统主要包含隧道风机、推力风机、射流风机及相关的电动风阀。

列车正常运行时，利用列车产生的活塞风与室外空气进行置换，排除区间隧道内余热、余湿。对不设隔墙的两站区间，正常运行工况也需采用机械通风方式，从车站两端的活塞风井进风，使用 TVF 风机排风。当发生火灾时，列车停在区间隧道内。则开启火灾区两端的 TVF 风机、射流风机，提供新风，诱导乘客撤离火灾现场。根据列车火灾部位决定排烟方向，最小的气流速度为 2 m³/s。当列车被阻塞在区间隧道时，视情况开启 TVF 风机，保证列车空调器能正常工作。正常情况下，每日地铁运营前 0.5 h 和运营结束后 0.5 h 运作风机，作早晚清洁通风用，排除空气异味，改善空气质量。

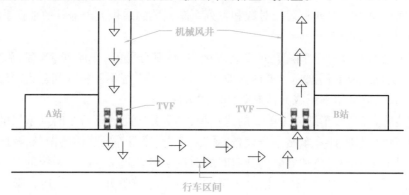

图 3-8　区间正常工况隧道通风工作原理图

②车站隧道排热系统即车站范围内、屏蔽门外站台下排热和车行道顶部排热系统，简称 TEF 系统。如图 3-9 所示，车站隧道通风系统主要设备为轨道排热风机、电动风阀和防火阀。

站台层排风由列车顶排风和站台下排风组成。列车顶排风布置在车行道上方，列车顶排风口与列车空调冷凝器位置对应；站台下排风为土建风道，站台下排风口与列车下发热位置对应。车站隧道通风系统作用为将区间热量排出室外，避免区间温度持续上升。并且在区间火灾及站台火灾时配合区间隧道通风系统及站台大系统进行消防排烟。

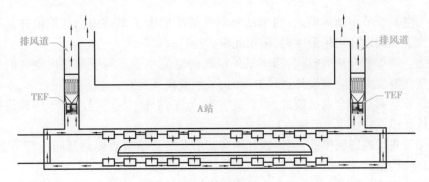

图 3-9　车站隧道排热系统工作原理图

（6）系统控制模式

环控系统模式由中央控制（中控级）、车站控制（集控级）和就地控制三级组成，就地控制具有优先权。

①中央控制

正常运行模式：以通信方式向各车站环控控制室下达车站及区间隧道环控系统运行方案指令，并接受各车站环控控制室反馈的设备运行信号，显示各地下车站环控系统设备工作状态；遥测室外温湿度、回风状态点和空调箱表冷器出风温度，作数据处理后决定运行工况；控制各车站公共区环控系统设备的开关。

阻塞运行工况：一接到列车阻塞信号，即将相关区段转入阻塞运行模式，直接控制和显示阻塞区间前后方车站近端 TVF 风机、射流风机的开关。

火灾运行模式：一旦接到火灾事故信号，确认火灾地点、列车火灾部位，然后选择火灾工况环控系统运作方案，直接控制和显示火灾区间相邻车站 TVF 风机、射流风机、TEF 风机、回排风机的开关，并指示乘客疏散方向。

②车站控制

正常运行模式：接受控制中心通信指令，对本站的所有环控设备进行远距离监控，显示其运作状态，并向车控室反馈环控设备运作状态。

阻塞运行模式：保持对本站环控系统的运作工况进行监控，并向车控室反馈 TVF 风机、射流风机的开关状态。

火灾运行模式：若火灾发生在本站的站台层或站厅层，则按车站火灾运行模式控制车站环控系统，并将信息反馈至车控室。若火灾发生在设备管理用房，则将相关的设备管理用房环控系统转换为火灾运行模式，并将信息反馈至车控室。

③就地控制

在各种环控设备电源控制柜处操作，供设备安装、调试、检修时现场使用。为确保安全，就地控制具有优先权，即就地控制时，发信号给车控室，则中央控制和车站控制失效；就地控制结束后，反馈信号给车控室，恢复其正常功能。

（7）设备运行模式

地铁中环控专业设备是根据 BAS 系统提供的各种模式来运行的。地铁的环控系统运行模式主要分为空调季运行和非空调季运行。在不同的工作环境与不同的外界环境下，BAS 会提供不同的模式信息，对环控系统设备进行控制。

主要通风模式有以下几种：

①空调季节小新风模式:当车站外空气的焓值大于车站内空气焓值并且车站外空气温度大于空调设计送风温度时,采用此模式运行;

②空调季节全新风模式:当车站外空气的焓值小于或等于车站内空气的焓值并且车站外空气温度大于空调设计送风温度时,采用此模式运行;

③非空调季节全通风模式:非空调季节,当车站外空气的温度小于空调设计送风温度时运行此模式;

④区间早晚通风模式:当地铁开始运营前及运营结束后要对区间进行一次通风,改善区间空气质量;

⑤轨道排热模式:当地铁运营时车辆进入车站制动时会产生大量热量,列车本身也会不停的散发热量,这些热量需要及时排到室外,避免区间温度持续上升。

3.1.4 环控主要设备结构和功能

1)大系统组合式空调机组

（1）结构

如图 3-10 所示为组合式空调机组,适用于阻力大于 100 Pa 的空调系统。机组常规空气处理功能段有:空气混合、均流、过滤、冷却、一次和二次加热、去湿、加湿、送风机、回风机、喷水、消声、热回收等单元体。

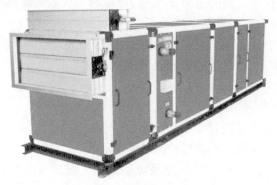

图 3-10　组合式空调机组外观图

（2）功能

①初效静电过滤段

过滤器在空气处理过程中,对空气进行过滤净化,从而保证 IAQ(室内空气品质),对空气的温湿状态并没有影响。

②表冷段

表冷段是对气流进行降温及除湿,原理是在盘管的铜管内通入冷冻水,气流在风机的作用下在铜管外部流动,穿过盘管,由于冷冻水与外部的空气有温差,会产生热量的流动,使得气流的温度降低,水流的温度升高,当盘管表面温度低于空气的露点温度时,就会将气流中的部分水蒸气析出来,达到除湿的目的。

如图 3-11 所示为表冷器部件示意图,主要部件:表冷器、挡水板(过水量不超过 4×10^{-4} kg/kg-da)、凝结水接水盘。管内水流速度控制在 0.6 ~ 1.5 m/s。挡水板采用铝合金材料。凝水盘材料为 1.0 ~ 1.2 mm 的不锈钢板制成。

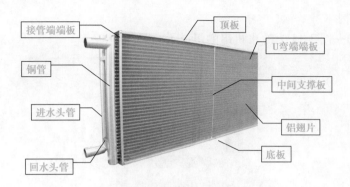

图 3-11　表冷器部件示意图

③风机段

高效双进风离心风机和驱动电机安装在独立的共同机架上,在两者之间合理匹配弹簧减振器,减振器除减振、降噪外,还有防剪切力作用,防止机组在运输过程中发生倾覆。轴承一般采用国际知名品牌,可以保证机组长时间连续运转。风机与电机采用 V 型皮带传动,皮带轮为锥套结构,方便调整、检修和更换。

电机作为风机的驱动部件,会影响到机组的整体性能。风机段在布置电机一侧开有检修门,以保证保养、维护的便捷。

④消声段

阻性消声器是由穿孔板内置吸声棉构成,装在机组内,气流经过此段时,对中、高频噪声具有良好的消声效果。消声段设置在风机段的出风口处,以消除风机出口噪声。

⑤均流段

在风机段与消声段之间需设有均流段,以使风机口出风能均匀散布到机组的整个截面上,从而保证消声段的消声效果。

2)冷水机组

(1)功能

如图 3-12 所示的冷水机组是地铁通风空调系统中的主要设备,为车站大、小系统空调提供冷源,同时根据负荷的变化自动调节其制冷能力。它具有整体结构紧凑、简洁、合理,易损部件少的优点,还应具备机组各零部件的安装牢固、可靠,整机运转平稳,可靠性高,运转时无异常响动、噪声低、液击不敏感等特点,从而确保地铁通风空调系统的正常运行的要求。

图 3-12　冷水机组外观效果图

（2）结构

图 3-13—图 3-15 为冷水机组的组成示意图。

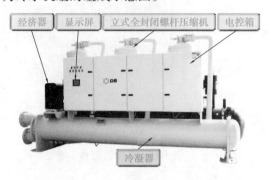

图 3-13　冷水机组部件组成图（一）

图 3-14　冷水机组部件组成图（二）

图 3-15　冷水机组部件组成图（三）

①全封闭立式螺杆压缩机

如图 3-16 所示为全封闭式螺杆式压缩机剖面图,这种顿汉布什全封闭螺杆压缩机为容积式、双螺杆压缩机,两个转子具有螺旋槽并互相啮合,不需要为润滑和轴封配置油泵,油压通过压缩机的吸、排气压差实现。制冷量调节由微电脑程序控制,通过控制上卸载电磁阀的通断,利用液压驱动滑阀来实现。

压缩机与电机直联,没有任何让压缩机增速的结构复杂的齿轮系统,因而提高了机组的可靠性。全封闭压缩机的电机靠压缩机排出的制冷剂气体冷却。控制系统上的电机线圈保护组件与埋入压缩机线圈中的传感器一起作用,防止电机在非安全的工作温度下运转。

图 3-16　全封闭式螺杆式压缩机剖面图

②水冷壳管式冷凝器

如图 3-17 所示为 WCFX 冷凝器结构,这种冷凝器的壳程是氟(制冷剂 R134a),管程是水,设计压力:壳程为 2.0 MPa,管程为 1.05 MPa。

③满液式蒸发器

如图 3-18 所示的满液式蒸发器剖面图,这种蒸发器的壳程是制冷剂,设计压力为 1.4 MPa,管程是水,设计压力 1.05 MPa。

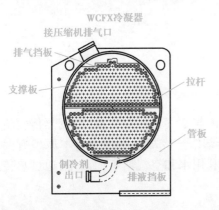

图 3-17　水冷壳管冷凝器剖面图

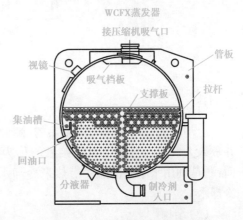

图 3-18　满液式蒸发器剖面图

④节流球阀

节流结构的功能有:a. 使高压液体转变为低压液体,创造在低温低压下气化的条件;

b. 调节蒸发器的供液量。

地铁常用的顿汉布什 WCFX 机组采用球阀节流,通过液位传感器和调制马达的协同动作,有调制马达驱动球阀转动达到调节供液的目的。

⑤经济器

经济器的作用是将高压液体节流到中间压力,节流后产生气液混合物,一部分液体继续节流至蒸发压力,另一部分气体进入压缩机压缩腔内同原来气体混合一起被压缩到排气压力。

经济器高效制冷循环:来自冷凝器的高压液态制冷剂通过一次节流后进入闪发经济器,在经济器内制冷剂气液分离后,气态制冷剂喷射至压缩机补气口,进一步过冷的液态制冷剂经二次节流后进入蒸发器。

闪发式经济器内,中压制冷剂蒸汽的排出,降低了进入蒸发器制冷剂的焓值,提高了制冷循环的效率。使机组的制冷量提高了 16% 以上。

⑥油管理系统

压缩机排汽时有少量的油雾随制冷剂排出,被带蒸发器,富油的制冷剂经过蒸发器壳体上的 2 个开关排出,再经过回油阀、干燥过滤器后到回油分配管。在每一台压缩机上,富油的液体流过止回阀,视液镜进入引射泵。由引射泵送入压缩机吸气管路。

从每台压缩机中溢流的油经过阀,视液镜和止回阀进入油平衡管,再通过电磁阀到各压缩机的吸气口返回压缩机。从所有的压缩机中溢流出的油重新分配再送回到运行的压缩机中,在常规运行中,从压缩机的视油镜中可以看不到油位。

⑦引射泵

回油用气体引射泵如图 3-19 所示。

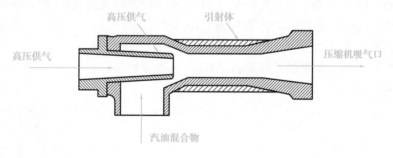

图 3-19　回油用气体引射泵

3)冷却塔

(1)功能

冷却塔的作用是将夹带废热的冷却水在塔内与空气进行热交换,使废热传输给空气并散入大气。水与空气直接接触的称为湿式冷却塔。冷却塔冷却的基本原理有两个方面:一是利用水本身的蒸发潜热来冷却水;二是利用水和空气两者的温差,通过热传导来冷却水。

(2)结构

冷却塔结构如图 3-20 所示。

散水箱与喷头:使冷却水均匀分布并流经填料。

填料:水与空气直接接触,产生热湿交换。冷却水温降低,废热传输给空气并散入

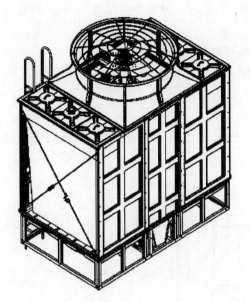
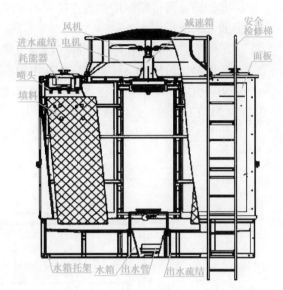

图 3-20　冷却塔结构图

大气。

电机、风机及传动皮带：电机通过皮带带动风机运转，强制空气流动，掠过填料，与冷却水进行热湿交换。

自动补水口：末端安装有浮球阀，根据集水池液面位置自动补水。

紧急补水口：水源来自市政自来水，补充水为自来水，属于应急补水，正常情况下不能使用，属备用水源。在空调季来临前打开紧急补水口向冷却水系统内注水。

浮球阀：冷却塔水位可通过调节浮球阀来控制。

排空口：当水浓缩到一定程度，为了保证水质，可通过排水和补水来调节水质。冬季来临之前需季节性停机，打开排空口排尽集水池内的水。

溢流口：当水位超过该处时，水直接从此处排出，防止水从集水池四周溢出。

过滤网：为防止杂物进入，此处为冷却塔出水口，也是冷却水进入管路的开始，需每日检查防止杂物堵塞影响水流量。

4）风机

（1）TVF 风机

如图 3-21 所示为 TVF 风机的实物图，TVF 风机（即区间隧道风机）是由风机本体、电机、耐高温软接、（圆接方）扩散筒、叶轮、减振器等组成。

①风机机壳组件包含风机外壳、反向防喘振环（正向防喘振环与风机外壳用螺栓连接）、机座、导叶轮，4 个部件是整体焊接、不可拆卸的；

图 3-21　TVF 风机实物图

②叶轮组件包含轮毂、叶片、10.9 级高强度螺栓和整流罩等部件，这些部件可拆卸；

③电机与风机壳体组件中的机座用螺栓连接；

④注排油口设在风机外壳可操作处，可拆卸；

⑤接线盒（含轴温及绕组 Pt100 接线）设在风机外壳，用螺栓连接，可拆卸；

⑥振动监测传感器用螺栓连接在电机的外壳上,水平和垂直方向各一个,引线接至风机旁的二次显示仪表上;

⑦两端扩压管的机座用地脚螺栓与机房地面基础相连接;

⑧进出口扩压管与风机本体之间由耐高温软接用抱箍连接,拆卸方便;

⑨风机本体与地面基础之间由减振器隔振。

（2）TEF 风机

如图 3-22 所示为 TEF 风机部件图,TEF 风机作为轨道热排风机,在地铁中应用非常多。

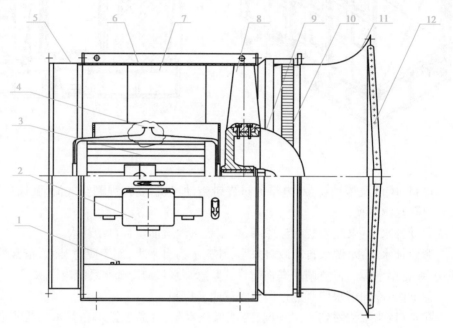

图 3-22　TEF 风机部件图

注:①电机排油嘴:方便排出电机轴承运行使用过的润滑油脂排出;②接线盒:将电机伸出线引出,便于外接控制端;③电机:为风机提供驱动力;④电机加油嘴:为电机轴承加润滑油脂;⑤出风口软节:耐高温,降低了风机传至风管的振动;⑥风筒:为叶轮等提供安装位置,同时便于气流运动;⑦静叶支撑:有利于稳定气流状态;⑧叶轮组件:风机的核心部件,产生工作所需的风量和风压;⑨整流罩:稳定进风端的气流;⑩防喘振环:避免风机发生喘振;⑪集流器:有利于风机进口处气流的状态;⑫防护罩:避免风机吸入大件杂物,损坏风机。

（3）SL 射流风机

区间隧道洞口和复杂列车存车线等位置内设置可逆转射流风机,列车在存车线等处发生火灾工况时配合车站、区间隧道风机进行气流组织。射流风机均为可逆转、耐高温风机,吊装在隧道顶部或侧壁,或落地安装于隧道侧面。

如图 3-23 所示为射流风机结构图,西安地铁线射流风机的安装有两种形式:一种为吊式安装,一种为落地安装。

射流风机分为:单向和可逆转两种。

SDS 型射流风机为单向通风。SDS（R）型射流风机为可逆转的,且在一定公差范围内两个方向上的推力相等,如表 3-1 所示。

图 3-23　射流风机结构图

表 3-1　SDS(R)型射流风机参数

型　号		SDS(R)型
可逆向程度		≤96%~100%
温度范围	正常操作	−20~+40 ℃
	应急状态	+150 ℃不少于1 h

(4)大系统风机

大系统风机用于车站公共区通风空调兼排烟系统,大系统风机主要包括有公共区回排风机、排烟风机及小新风机。

①DTF系列风机

DTF系列地铁隧道轴流风机广泛应用于各大中型城市的地铁及快速轨道交通工程的地下车站通风系统,DTF系列风机不论直径大小,均采用电机直联方式,安装时只要直接连接输气管和固定底脚螺栓即可,DTF系列风机应用于风机静压与全压比要求较高而风机直径选择较小的通风系统。

在图3-24中详细的标出了风机的组成部分,下面对各部分做进一步的介绍:

1.风筒:为叶轮等提供安装位置,同时便于气流运动;

2.叶轮组件:风机的核心部件,产生工作所需的风量和风压;

3.静叶支撑:有利于稳定气流状态;

4.电机:为风机提供驱动力;

5.接线盒:将电机伸出线引出,便于外接控制端;

6.减振器:降低了风机传至风管的振动;

7.电机支架:承载电机重量;

8.电机加油嘴:为电机轴承加润滑油脂;

9.电机排油嘴:方便排出电机轴承运行使用过的润滑油脂排出。

注:小号的地铁风机有时没有静叶支撑和电机支架等部件。

②重要部件

a.叶轮。叶轮由轮毂和不同数量的叶片组成,用防松动高强度螺栓联接。轮毂和叶片均采用优质高强度铝合金压铸而成,经过X光探伤、时效处理、拉伸试验和金加工,静、动平衡校验。如要调整风机叶片角度,可用拉力扳手松动叶片与轮毂的联接螺栓,再按反方向顺序操作固定叶片,对所有叶片全部进行调整。

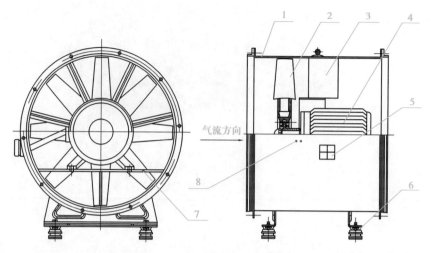

图 3-24　DTF 风机总装示意图

b. 电机。电动机是地铁隧道风机的关键部件之一,是风冷鼠笼式全封闭湿热型产品,防护等级 IP55、绝缘等级 H 级或 F 级、防湿热、耐高温 250 ℃/1 h 或常温等要求具有一定的特殊性。当通风工艺要求风机可变频运行时,采用变频电机驱动。

c. 机壳、静叶支撑:由优质钢板焊接而成。壳体涂装采用喷漆处理。

（5）小系统风机

小系统风机用于车站设备管理用房通风空调兼排烟系统,包括空调回排风机、小新风机、送/排风机、排风兼排烟风机、设备与管理用房排烟风机等,为方便项目管理,车辆段、停车场和主变电站通风空调系统的风机也可归类为小系统风机。

5）风阀

风阀是通过电动、手动调节风阀叶片的开启角度各开、闭,调节风量。地铁通风空调工程使用的风阀包括:DT 电动风量调节阀、DZ 电动风阀、ST 手动风阀、DM 电动组合风阀。

（1）单体风阀

如图 3-25 所示为单体风阀外观效果图,单体风阀主要由阀体、叶片、传动机构、执行器等若干部分组成,用于车站大、小系统相对截面不大的风管上调节送风量或排风量、与风机、空调机组等运转设备联锁同时启闭从而起到风路通断的作用。

风阀执行器的安装步骤

图 3-25　单体风阀外观效果图

方形风阀的外框和叶片采用镀锌钢板制成,钢板厚度为 1.2 ~ 2 mm。风阀轴承为青铜,可以耐300 ℃高温。叶片由直径为12 mm的轴相连,叶片轴材料为镀锌碳钢。采用弹簧侧密封,降低泄漏量。叶片开启方式为对开式,叶片采用斜面硅胶密封。

如图3-26所示为单体风阀执行器,电动风阀采用 NMS230-S、LMS230-S型电动执行器。扭矩分别为10 Nm、5 Nm,额定电压AC100～240 V,50/60 Hz,控制方式为三态浮点。需要时可通过按下自动复位按钮实现手动操作,当按钮处于按下状态时,执行器齿轮结构解锁,此时可进行手动操作。通过机械限位装置调节旋转角度。执行器有过载保护,当触及机械限位装置时会自动停止。

图3-26　单体风阀执行器

（2）组合式风阀

如图3-27所示为组合式风阀实物图,组合式风阀主要由风阀底框、多个单体阀、传动机构、执行器等四个部分组成,用于区间隧道通风系统、站台轨行区通风系统。通常轨顶卧阀、活塞风泄压阀、TVF风机联锁风阀、TEF风机联锁风阀为组合式风阀。控制方式为电动。其电动执行机构具有远距离电动控制和现场手动控制功能、机械和电气两种限位装置。

图3-27　组合式风阀实物图

组合式风阀采用厚2 mm镀锌钢板加工成厚300 mm的阀体,法兰宽度50 mm。阀体所有角连接都从外侧满焊。当宽度大于1 050 mm时,将在阀体中央加焊竖框,叶片分两段制作。

组合式风阀叶片为一对1.2 mm镀锌钢板焊接成双层机翼型叶片,内穿直径20 mm的短轴。叶片对开和独特的连接结构使叶片相互内锁形成防火屏障。叶片用螺栓固定在短轴上。

轴承为黄铜材质,挤压进阀体,并用O型封圈密封,保证低泄漏量。直径20 mm的不锈钢短轴穿过轴承并插入叶片的两端,用螺母和弹簧垫圈及螺栓将其固定在叶片内。

叶片侧密封由淬硬的75×0.3 mm的弹簧不锈钢辊压而成。形成一个8 mm的凸面体,当受到阀片挤压即可封住阀片和阀体内侧的缝隙。

如图3-28所示为组合式风阀执行器,组合式风阀采用SY系列大扭矩角行程电动执行器。执行器专为驱动90°转角的风阀设计。驱动齿轮在运行时仍可手动操作,手动顺时针方向旋转手轮关执行器与风阀,逆时针方向操作则开。此为临时动作,电源接通时会回到原来信号指定的位置。

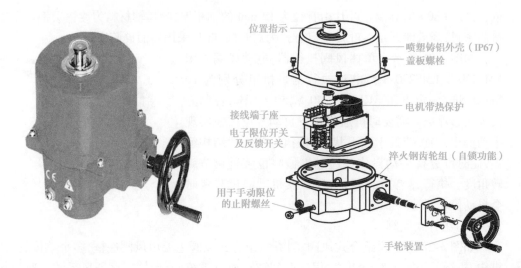

图 3-28　组合式风阀执行器

水系统开机
操作步骤

3.1.5 环控系统重点设备检修

1)设备巡检

(1)冷水机组

表 3-2 为冷水机组的巡检项目、步骤和标准。

表 3-2　冷水机组巡检表

巡检项目	步　骤	标　准
BAS 图元	查看 BAS 系统及群控系统是否有报警信息,通信是否正常	无故障报警信息,与 BAS 通信稳定,冷机、群控系统及综合监控工作站显示数据一致
运行状态	检查冷水机组、水泵、管路的振动、噪音及漏水。检查冷水机组铜管接头处有无油渍	运行中振动无异常,噪音平稳无异响,无漏水,铜管接头处无油渍
水泵	检查水泵减振脚垫、固定螺栓	固定螺栓紧固,减振垫无异响,螺栓划线清晰,无偏移
群控柜	检查群控柜指示灯是否正常指示,控制柜控制方式是否正常	控制方式"自动位",指示灯指示正确
	检查群控柜内元器件	设备元器件完好,无烧坏、烧灼痕迹
冷水机组	检查冷水机运行状态、参数	检查并记录机组运行参数:电压[380×(1±10%)V]、电流(不超过额定电流)、吸气压力、排气压力;冷冻水:出水温度、回水温度流量;冷却水:出水温度、回水温度、流量
水泵	水泵进出水压力检查	冷却泵、冷冻泵:电压[380×(1±10%)V]、电流(不超过额定电流)、进水压力、出水压力指示在压力表红线范围以内

巡检项目	步 骤	标 准
联轴器、电机	检查联轴器、电机	运转平稳,振动和声音无异常,电机无过热(不高于环境温度加 40 ℃)
蒸发器内冷媒	检查满液式蒸发器内冷媒液位	用手电筒检查满液式蒸发器液位。铜管可见,满负荷时,仅略微淹没最上第一排铜管
回油管	检查回油管视油镜内回油状况	观察运行压缩机回油镜,回油通畅连续,油质清亮,无泛白现象
机房卫生	清洁机房及设备	干净,整洁,无明显垃圾

（2）空调机组巡检

表 3-3 为空调机组的巡检项目、步骤和标准。

空调机组巡检注意事项

表 3-3　空调机组巡检表

巡检项目	步 骤	标 准
BAS 图元	查看 BAS 系统是否有报警信息	无故障报警信息
空调机组	检查机组振动及噪音、阀门状态	振动无异常,噪音平稳;机组风、水系统管路阀门状态正确
运行参数	运行压力参数的检查	冷冻水进出压力相差不高于 0.5 MPa
	运行温度参数的检查	冷冻水进出温度参数在工况正常范围内;进水 7～10 ℃,出水 8～15 ℃
静电除尘设备	检查静电除尘设备运行情况	远程,与机组运行状态相符(运行或停止),无报警无故障
检修门、帆布软接	检修门、帆布软接的密封性检查	检修门无漏风,送、回风帆布软接无破损
排水管	检查冷凝排水管排水情况	排水通畅无淤积
机房卫生	清洁机房及设备	干净,整洁,无明显垃圾

（3）风机巡检

表 3-4 为风机的巡检项目、步骤和标准。

表 3-4　风机巡检表

巡查项目	步 骤	标 准
BAS 图元	查看 BAS 系统报警信息和控制级别	无故障报警信息,控制级别正常
风机	风机运行情况检查	无异常振动、噪音;运行电流不超过额定电流

续表

巡检项目	步　骤	标　准
减震垫、螺栓	检查机组减振脚垫、固定螺栓	支吊架、固定螺栓紧固，减振垫完好；螺栓划线清晰可见，无偏移
运行信息	检查运行、故障与报警指示	显示正确，本地手操箱无故障、无报警
软接	风机进出风软接头的检查	目测、耳听无漏风、破损
机房卫生	清洁机房及设备	依相关安全操作规范，清理机房内垃圾、脱落保温，清洁桌面、地面

（4）冷却塔巡检

表3-5为冷却塔的巡检项目、步骤和标准。

表3-5　冷却塔巡检表

巡检项目	步　骤	标　准
BAS图元	查看BAS系统及群控系统是否有报警信息	无故障报警信息
围栏、门锁	冷却塔围栏、门锁检查	围栏、门锁完好
冷却塔	检查冷却塔的振动及噪音，检查叶轮状态	冷却塔无异常振动，噪音平稳；叶轮运转顺畅，无刮壳及异响
机组、螺栓	检查机组完整性和固定螺栓	设备完整无损，紧固件及螺栓牢固，无松脱
运行情况	检查运行、故障与报警指示	显示正确，无故障无；电流≤额定电流
浮球阀	检查补水浮球阀的动作及水位	动作稳定、灵活；控制水位低于溢流口以下约5 cm
管路管件	检查管路管件、阀门、填料	无滴漏水、飘水现象
设备卫生	清洁设备	清除洒落的填料、塔内落叶及杂物。冷却塔围栏内无杂草；无围栏的三米范围内无杂草、杂物；冷却塔清洗泥垢需装袋保存摆放整齐并定期清理

2）设备检修

（1）冷水机组检修

表3-6为冷水机组的检修项目、步骤、标准和周期。

表 3-6 冷水机组的检修表

巡检项目	步　骤	标　准	周　期
机组断电	冷水机组停机、断电及验电	在人机界面操作关闭冷水机组,待冷水机组及其辅机完全停机后,断开环控电控室电源抽屉,悬挂"设备检修,严禁合闸"的标识牌,对馈出线用钳形电流表做无电确认,再断开机组启动柜隔离开关,对现场接线端子用钳形电流表做无电确认	
柜内卫生	启动柜内外检查及清洁	柜内外整洁,元器件无灰尘,防火封堵完好,箱体无破损	
主机清洁	主机清洁、除锈、补漆及周围环境清扫	机组整洁、干净、无锈蚀	
柜内端子检查	启动柜内接线端子及元器件状态检查	检查电路板插接线路紧固情况;接线端子及各元器件无灼烧现象,接线端子紧固、无松动现象	
测量电阻	断电状态下,在接触器出线端测量绝缘电阻	用兆欧表测量冷水机组控制柜内交流接触器1号及2号端子,2号及3号端子,1号及3号端子,测量值不低于50兆欧,用钳形电流表测量1号及4号端子,2号及5号端子,3号及6号端子,应为通路	
检查高压开关	检查高压开关及安全阀	高压开关外观无破损,线缆连接处无断裂现象,参数为0.8~1.45 MPa	每半年
管路检漏	机组制冷剂管路检漏	开启电子检漏仪,将探头靠近冷水机组的阀门和制冷剂管路的各个连接部位,当发生报警时,记下位置,继续检查其他部位,直到整台机组检查完毕(电子检漏仪不能沾水,检测仔细)。皂水涂到电子检漏仪检测出发生报警的位置,如有气泡产生,紧固相关接头后重新检测,紧固后不能处理的做好标记,及时将情况上报	
机组送电	机组送电	工器具检查出清,关闭启动柜门,然后合上隔离开关;在环控电控室确认人员、工器具出清后,撤除挂牌,抽屉柜开关合闸	
检查温度传感器	检查温度传感器状态	在水管路注满水且静止的状态下进行温度传感器状态查看 ①查看冷水机组人机界面冷冻水供回水温度及冷却水供回水温度参数,供回水温度偏差±1 ℃为正常,大于需对温度传感器进行调整或更换 ②查看群控系统人机界面冷却水供回水温度参数,供回水温度偏差±3 ℃为正常,大于需对温度传感器进行调整或更换	

巡检项目	步 骤	标 准	周 期
查看运行参数	开启冷水机组,在机组人机界面检查运行参数,在群控柜人机界面查看冷冻、冷却水流量	吸排气压差在 200 kPa 以上,水流量变化量不能超过每分钟 10%	每半年
检查运行情况	检查主机运行情况是否正常(噪音及振动情况等)	无异常噪音和振动	
测量电压、电流	用钳形电流表测量环控柜出线电源电压及机组运行三相电流	电压偏差 380×(1±10%) V 以内,机组的三相不平衡率不超过 2%,电流的不平衡率不超过 10%	
出清	清理工具,清理现场,出清消点	工具齐全、现场干净	

（2）空调机组检修

表 3-7 为空调机组的检修项目、步骤、标准和周期。

表 3-7　空调机组的巡检表

巡检项目	步 骤	标 准	周 期
机组断电	机组断电挂牌验电	将机组控制选择旋钮转到就地挡;断开其环控电控室机组电源、断开静电除尘电源;悬挂警示牌,对馈出线用万用表做无电确认	
风机轴承	风机轴承温度测量	如请点时机组运行,断电挂牌验电后立即进行风机轴承温度测量。测温时测温仪红色测温点须定位在黑色密封盖与内圈紧定螺钉内侧外沿之间的轴承内圈表面,严禁在蓝/绿色轴承座表面测量(小于风机电机段箱内环境温度加 40 ℃);如请点时机组未运行,人及物料出清后开启机组运行 5 min 后停机,待风机皮带机及叶轮完全停止后,立即按上述要求进行测量	15 天
	轴承检查	用干净抹布擦净轴承注油咀,擦净轴承两侧密封盖处的污垢、旧油、沾染的灰尘等杂物。擦净轴承外表面的油污灰尘;用手指沿密封盖整个圆周触摸轴承两侧密封盖是否有变形、开缝、翘起等异常情况;手动盘动风机,风机转动平稳顺滑无碰擦。盘动时聆听风机轴承有无异常声响、转动是否平稳顺滑,同时目测检查金属光泽的轴承外圈在蓝/绿色轴承座内有无明显歪斜	

巡检项目	步 骤	标 准	周 期
机组皮带	皮带及其张紧度、皮带轮对的平直度检查调整	检查皮带应无老化、断裂;皮带的张紧度以手指逐根按下,挠曲距离大系统空调机组2~3 cm,小系统空调机组1~2 cm为标准(更换新皮带24 h后再次检查调整皮带张紧度);用钢直尺检查皮带轮对的平直度。风机、电机皮带轮在同一平面,误差不大于2 mm;轴无形变,轴承卡套紧固	
空调机组	大小系统空调机组回风滤网清洗,KT表冷器、静电除尘清洗	取出回风段过滤网,用出口压力小于200 kPa的水冲洗表冷器、回风过滤网和静电除尘,冲洗流出水的颜色和自来水基本一致时可认为已冲洗干净;清洗完表冷器后,清理凝水盘杂物、冲洗凝水盘。冷凝水管排水畅通;冲洗完成后更换上清洁备用的滤网;静电除尘待完全晾干后再做恢复(静电除尘可隔日后恢复上电和运行状态)	15天
柜内卫生	过滤除尘段、表冷段、风机电机段积水清理、卫生打扫,检修照明检查	箱(柜)体内、外清洁,卫生良好,无积水。电机表面清洁,无积灰、油垢。照明正常	
运行参数	箱内出清,恢复机组状态及运行,判断运行状况。测量电源电压,运行电流	箱内出清,恢复控制位及运行,运行无异常噪声、振动;箱体无变形;各配电箱指示灯正常点亮;电源电压测量并记录。电源电压:380×(1±10%) V,三相电压不平衡率不超过2%;运行电流测量并记录。运行电流不超过额定电流,三相电流不平衡率不超过10%	
检修门	清点工具,清理现场,检查检修门密闭性及门锁	工具齐全、现场干净,检修门无漏风、门锁完好	
油脂更换	更换轴承润滑脂	注油时两人配合操作。一人加油,另一人手动匀速盘动皮带至注油结束,使轴承旋转,整个圆周挤出旧油。盘动时谨防皮带夹手。加油的同时保持轴承旋转,如出油未能布满密封盖整个圆周仅在注油嘴下方出油,再次擦净出油后加油,仔细观察出油缝隙,如新油仅从注油嘴下方的轴承座与轴承外圈之间的缝隙挤出。表明新油无法加进黑色密封圈盖住的滚动体保持架部位。此机组需挂检停机,更换轴承。加油时同时观察油脂须从整个密封盖圆周上/下沿缝隙挤出。以旧油全部挤出些许新油挤出为加油结束标准。擦净轴承内外侧溢出油脂,并擦净注油咀上残留的油脂	1个月

巡检项目	步 骤	标 准	周 期
柜内卫生	大系统空调机组除过滤除尘段、表冷段、风机电机段外其余功能段积水清理、卫生打扫,检修照明检查	箱(柜)体内、外清洁,卫生良好,无积水。电机表面清洁,无积灰、油垢。照明正常	1个月
静电除尘	静电除尘电控箱、空调机组手操箱、箱外壁接线盒、电机接线盒紧固接线及清灰	转换开关、指示灯正常。接线紧固无松动,箱体接地可靠,封堵完好。箱(盒)内外清洁无灰尘	
机组零部件	各零部件紧固检查、消声器检查	紧固件牢固无松脱划线标识清晰,划线无偏移、无错位。减振固定牢固,减振器外观完好,无磨损、弹簧无断裂。以下重点部位手动拧紧确认: ①轴承内圈紧定螺钉、皮带轮锥套紧定螺钉(内六角扳手拧紧确认) ②轴承座紧固螺栓、电机与电机底座紧固螺栓、电机底座与滑动导轨紧固螺栓(手拧确认) ③风机与底座框架紧固螺栓(手拧确认) ④减振器紧固螺栓(手拧确认)消声器孔无堵塞、表面干净无破损、无松动	3个月
机械部分	检查机械部件锈蚀情况	对锈蚀部位进行除锈补漆(螺牙位置抹黄油防锈)	
绝缘电阻	电机对地绝缘电阻测量	对地绝缘电阻不应小于2 MΩ	
二通阀开度	由综合监控界面分别设置二通阀输出开度:0,50%,100%	能够正常的执行和反馈开度状态	
二通阀变压器	测量二通阀变压器电源供电是否正常	电源供电正常(变压器前端电压交流220 V,变压器后端交流24 V)	
二通阀电流	测量二通阀反馈电流和控制电流是否在正常范围内	SKB、SKC系列:端子排上检测反馈电流4~20 mA(端子Y与端子M);控制电流4~20 mA(端子U与端子M)。SQX62型号:控制回路电流测量Y端和R端数值4~20 mA,反馈回路电流测量U端和M端数值4~20 mA	每年
二通阀执行器	二通阀执行器部分外观检查,清洁二通阀电源柜(南瑞)	外观无破损,柜内无杂物,干净	
二通阀接线	二通阀执行器安装及接线检查	安装及接线正确	

（3）风机

风机的检修项目、步骤、标准和周期见表3-8。

表3-8 风机的巡检表

巡检项目	步 骤	标 准	周 期
机组断电	断电挂牌验电	将机组控制选择旋钮转到就地挡；断开其环控电控室电源；悬挂"设备检修，严禁合闸"的标示牌，对馈出线、现场接线盒用电笔做无电确认	每半年
风机卫生	清除风机外壳、接线盒、减振的灰渍，检查风机外壳和减振器	机体清洁，外壳无变形、受损。减振器无倾斜、变形及损坏，固定螺栓紧固，无变形和异响	
固定螺丝	检查紧固地脚螺丝或吊杆螺丝	紧固无松动，画线标记清晰；通丝吊杆需双螺母紧固；初次检修需要对紧固的螺栓画线标记	
更换、补充油脂	更换和补充润滑油脂	清洁注油孔后通过油枪、注油孔注入适量（TVF约45 g）3号锂基润滑脂，排出旧油	
风阀卫生	检查清理风阀附近的杂物，检查阀体固定支架；清洁风道	无杂物，重点要求无编织袋、保温料、铝箔，阀体安装牢固；风道清洁无杂物无大量积尘、积水	
执行机构卫生	清扫阀片、传动杆、电动执行机构上的灰尘	无积尘	
阀体除锈	检查阀体、阀片、传动杆的锈蚀情况	对锈蚀部位进行除锈补漆	
执行机构	手动盘动、转动电动执行机构和传动部件	无卡顿，执行器基础和连接件无松动、损坏、脱落	
接线盒端子	检查电动执行机构接线盒并适度紧固接线端子	接线端无松动；紧固适度端子排不受损	
电控箱元件	检查电控箱元件及各接线端子	转换开关、指示灯正常；接线端子紧固无松动；箱体接地可靠	
手操箱卫生	检查紧固并清洁就地手操箱	箱体清洁无浮尘，接线紧固	
电动测试	恢复接线盒，工具、人员出清。合上风机电源开关，选择就地、远控分别点动测试	就地、远控点动测试正常	
运行电压	用万用表测量风机运行电压	380×（1±10%）V，检测值做好记录	
运行电流	用万用表测量风机运行电流	三相电流均匀且运行电流≤额定电流，并做好记录	

续表

巡检项目	步 骤	标 准	周 期
风机运行振动	用振动测试仪测量检查风机运行振动	叶轮和轴承无异响：振动值不大于 7.1/s，并做记录（以风机各种工况下测得最大振动值为准）	每半年
风机绕组、轴承温	查看风机绕组、轴承温度	记录风机绕组、轴承温度，温度在设定范围内，且绕组与轴承温度无较大偏差	
恢复设备	清点工具，清理现场，恢复风机的控制模式	工具齐全、现场干净，控制旋钮转到远程挡	
接线盒端子	紧固风机接线盒内接线端子	紧固无松动，接线与元器件完好，紧固后需画线标识	每年
风机接线、绝缘电阻	检查风机电气接线并测试马达的对地绝缘电阻	测量绕组对地绝缘大于 0.5 MΩ，并做好记录	
除锈补漆	目测风机锈蚀情况，对锈蚀进行除锈补漆	无锈蚀，设备漆面完整	
风机开启、关闭状态	合上风阀电源开关，安全防护状态下手动运行风阀，检查其开启、关闭状态和开闭时间	开启灵活、无异常噪声或振动，开闭时间和故障反馈时间继电器设定小于 60 s	
连锁关系	风机风阀连锁关系测试	连锁风阀未全开，风机不启动；风机关闭，连锁风阀关闭	
恢复设备	清点工具，清理现场，恢复风机的控制模式	工具齐全、现场干净，控制旋钮转到远程挡	

任务 3.2 给排水系统

3.2.1 生活给水系统基础知识

城轨车站给水系统由生产、生活给水系统和消防给水系统组成。

城轨车站给水水源均采用城市自来水，消防用水采用二路进水，在车站两端的风亭处，分别由不同的两路市政给水管上各接出一根 DN150 或 DN200 的引入管，直接引入消防增压泵房，由两路消防引入管上分别引出一根 DN40 和 DN80 的给水管（加装水表）供车站生产、生活用水。在进入车站的每根消防引入管上均设置水表井和倒流防止器（倒流防止器设在消防泵房内）。

城轨车站生活、生产用水组成：生产、生活用水主要是冷冻、冷却水系统补水量、饮用水、盥洗水、厕所用水、清扫用水等。车站内设男、女厕所各一处，另外还设有茶水间，在茶水间内设有电加热净化开水器。在车站站厅层公共区和站台层的两端各设一只冲洗给水栓箱，内设一只 DN25 的冲洗给水栓。通风空调机房根据暖通专业要求设置清洗水槽；冷水机房、保洁间、污废水泵房内设置洗手池。空调净化装置处设 DN25 给水管。冷却循环水补水系统单独设置水表计量。

3.2.2　消防给水系统基础知识

消火栓给水系统：对于自来水压力不能满足消防用水压力的，需设消防泵房。消防泵房设置于站厅层。根据消防水量、水压的要求，选用消防增压稳压设备，其中气压罐 1 个，消火栓泵 2 台（一用一备），稳压泵 2 台（一用一备）。

如图 3-29 所示为消火栓系统管道敷设图。由图可知消火栓给水干管布置在车站地下站厅层的吊顶内并连通形成环网；在接入站台层吊顶后再形成立式环状管网；由管卡固定；消防干管经由区间隧道与相邻车站消防干管贯通。消火栓给水干管变坡点的最高点设排气阀，最低点设泄水阀。区间的消防给水管设置手动蝶阀和电动蝶阀，平时常开。

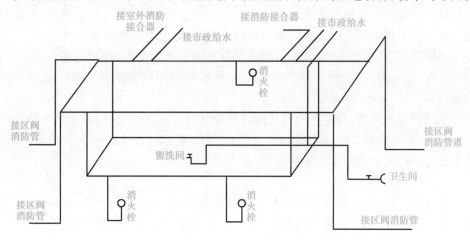

图 3-29　消防给水系统管道敷设图

3.2.3　车站排水系统基础知识

如图 3-30 所示城轨车站排水系统主要由废水系统、雨水系统和污水系统组成。其中废水包括车站清扫废水、消防废水和结构渗漏水、凝结水等；污水主要是车站工作人员和乘客的生活污水；雨水为敞口矮风亭和出入口的雨水排放。

1）污水系统

车站在站台层一般设有男、女厕所各一处。在站台板下设有污水提升泵站，污水提升泵站污水池容积不大于 6 h 的污水平均流量，污水池的有效容积为 10 m³ 左右，污水泵房

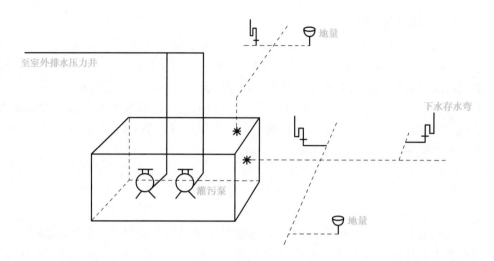

图 3-30　车站排水系统图

内设 2 台潜水排污泵,互为备用。污水扬水管由新风井引出,经压力检查井后进入化粪池,经化粪池处理后排入市政污水管道。污水池设通气管,引至排风系统附近。

2)废水系统

车站结构渗漏水、凝结水、车站清扫废水及消防废水由地漏及横截沟收集,汇至道床纵向排水沟后汇入车站废水集水池内。废水池内设 2 台潜污泵,互为备用,消防时同时使用。废水扬水管由风井引至室外压力检查井,排至附近的市政雨水管道。

消防泵房、冷水机房、空调机房围绕设备基础布置排水沟,坡向地漏。消防泵房、通风空调机房、盥洗间、卫生间等需经常从地面排水的房间设有地漏。站厅层公共区设排水地漏。

车站设有出入口,分别在自动扶梯底部设置集水池,收集结构渗漏水及清扫废水和消防废水,集水井内设 2 台潜水排污泵,互为备用。集水井废水由潜污泵提升,经出入口引出车站分别排入市政雨水排水管道。

3)雨水系统

风亭为敞口时,分别在两风井井底设雨水集水池,集水坑内设 2 台潜水泵,互为备用。雨水汇入集水井,集水井废水由潜污泵提升,分别排入市政雨水排水管道。

4)区间排水

在相邻两站区间设废水泵站,泵房内设 2 台潜污泵,平时一用一备,消防时两台同时启动。废水泵扬水管由区间泵房顶部出地面进排水检修井后排入压力检查井,排至附近市政雨水管给排水系统由给水系统、排水系统和电伴热系统组成。

3.2.4　给排水系统主要设备

1)潜污泵

泵是一种转换能量的机械,通过工作体的运动,把外加的能量传给被抽送的液体,使其能量增加,地铁中使用最多的是叶片式潜污泵。

如图 3-31 所示是地铁车站的污(废)水泵房的控制箱及部分管路图,泵由许多零件组成,主要有叶轮、泵轴、泵壳、泵座、轴封装置、减漏环、轴承座、联轴器、轴向力平衡装置等。

图 3-31　污(废)水泵房潜污泵控制箱及部分管路图

2)消防增压装置

如果城市自来水管网压力能够满足消防要求的站不设消防泵房,其余均需置消防水泵和配套稳压给水装置。

如图 3-32 所示为消防稳压泵及水泵控制箱,车站消防泵及稳压泵均为两台,一用一备,供消火栓系统使用,一级负荷,由 FAS 系统进行监控,当工作泵发生故障时,能自动切换开启备用泵。

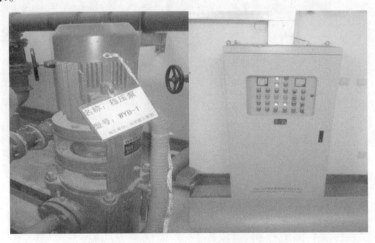

图 3-32　消防稳压泵及水泵控制箱

消防泵控制方式:泵房就地手动控制、车站控制室远程手动控制、消火栓箱内按钮手动启动、FAS 系统自动控制及压力信号联动稳压泵和消防泵。

如图 3-33 所示为消防泵房管线布置,车控室显示消防泵的启、停、故障状态信号、管网扬水管的压力信号。扬水管上的安装电接点压力表。消防泵房设电话或电话插孔。

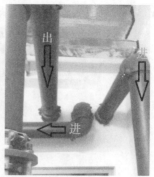

图 3-33　消防泵房部分管路图

3）电伴热系统

电伴热系统即管道防冻电保温系统,主要是由电保温控制箱、发热电缆及附件敷设、管道保温及标识等系统组成。电保温控制箱采用区域相对集中控制方式的电保温智能监控系统。应在每个电保温电缆加热回路,电保温控制箱内均应配置空气开关、漏电开关、智能监控系统等装置。当系统通过温度传感器探测到管道温度低于系统的设定温度时（一般为 5 ℃）,系统自动通电保温,反之自动断电停止伴热。此外,每个电保温控制箱内增设事故自动报警器。

图 3-34　电伴热控制箱及其内部

如图 3-34 所示为电伴热系统控制箱,电伴热可实现远程/本地开关机、保温控制、超低温控制、超高温控制、漏电控制、过流控制、断缆控制等功能。

4）公共卫生洁具

地铁车站公共卫生洁具设备均分布在各个车站洗手间、盥洗室内。因车站人员密集且流动性大导致公共卫生间内各种洁具使用频率较高,损坏率较大,及时地维修维护防止洁具堵塞和漏水对于地铁的运营服务也是一个重要的环节。

地铁站内卫生洁具设备有:坐便器、蹲便器、小便器、洗手盆、拖布池等。所有卫生洁具必须符合国家质量与节水认证。卫生洁具外观规矩,造型周正,表面光滑、美观、无裂痕色调一致。卫生器具给水配件应完好无损。接口严密,启闭部分灵活。洁具排水栓与预留排水管道的连接应具备允许偏差,排水部分无堵塞,无泄漏。

3.2.5 给排水系统重点设备检修

1)重点设备巡检

(1)消防泵

消防泵巡检表见表3-9。

表3-9 消防泵巡检表

项 目	步 骤	标 准
控制柜	检查消防水泵控制柜柜体和柜门	消防水泵控制柜柜体和柜门无变形,柜门锁闭良好
	检查手/自动转换开关	手/自动转换开关应打在自动位
	检查控制柜面板上的指示灯	控制柜面板上的故障指示灯未亮起 (若亮起,则应检查并进行维修)
电源	检查低压双电源供电及消防控制柜内部	检查两路供电开关是否合上,供电正常,各继电器运行无杂音、触点无打火现象、处于合闸位
压力表	检查压力表显示	压力表指示应不低于 0.4 MPa
水泵及其附件	检查进、出水管上阀门开关状态及消防水池浮球阀状态	检查进水管阀门是否常开,泄水阀门应处在关闭位置,浮球阀可正常动作
	检查水泵及其管路附件是否有漏水现象,检查消防水池、管路及水泵是否有漏水现象	消防水池、水泵、湿式报警阀及管路等附属设施无漏水、无锈蚀现象
	检查水泵基座	水泵基座防松标记线应连续且无位移,基座无锈蚀
卫生清洁并填写记录	检查设备表面及周围环境卫生	设备表面清洁、无污渍,泵房内卫生良好
	填写巡检记录	查看以前记录,记录应完整无误,并如实填写巡检记录

(2)潜污泵

潜污泵的巡检表见表3-10。

表3-10 潜污泵的巡检表

项 目	步 骤	标 准
控制箱	检查控制箱箱体、箱门及箱内	控制箱箱体、箱门无变形,箱门锁闭完好,箱内元器件运行无异响、各触点接触良好、卫生良好
	检查手/自动转换开关	手/自动转换开关应打在自动位
	检查控制箱面板上指示灯	检查控制箱面板上的故障指示灯未亮起,若亮起,则应检查并进行维修

续表

项 目	步 骤	巡检标准
运行测试	检查水泵运行及出水情况	点动水泵,检查水泵运行是否平稳,无噪声,有无反水,出水压力表是否动作
	检查压差液位传感器	检查集水井内有无漂浮物等垃圾,显示水位与实际水位是否相符
附件检查	检查出水管上阀门的开关状态	检查出水管上的阀门开关状态应为常开,反冲洗开关应为常关
卫生清洁并填写记录	清洁卫生并填写巡检记录	查看以前记录,记录应完整无误,并如实填写巡检记录

（3）污水处理设备

污水处理设备的巡检表见表3-11。

表 3-11　污水处理设备的巡检表

项 目	步 骤	标 准
控制柜	检查污水处理设备控制柜面板上的指示灯	检查污水处理设备控制柜面板上的指示灯显示是否正常
	检查污水处理设备控制柜柜体和柜门	检查污水处理设备控制柜柜体和柜门无变形,柜门锁闭良好
药量检查	检查溶药桶、二氧化氯发生器	检查溶药桶内是否有药,二氧化氯发生器有无盐酸和氯酸钠
电源	检查设备空气开关	检查各设备空气开关是否合上
运行情况	检查气浮、二氧化氯发生器的运行情况	检查气浮、二氧化氯发生器的运行情况是否平稳,无噪声
	检查各设备运行情况	检查各设备运行是否平稳,无噪声
附件检查	检查所有阀门开关	检查所有阀门与管路是否漏水、开关是否灵活
	检查污水处理一体化装置盖板	检查污水处理一体化装置盖板,盖板应完整无缺
卫生清洁并填写记录	清洁卫生并填写巡检记录	查看以前记录,记录应完整无误,并如实填写巡检记录

2）重点设备检修

（1）消防泵

消防泵的检修表见表3-12。

表3-12　消防泵的检修表

项　目	步　骤	标　准	周　期
控制柜	消防水泵控制柜柜体和柜门	检查控制柜柜体和柜门是否变形,柜门是否关好	每月
	手/自动转换开关	检查手/自动转换开关是否打在自动位	
基座	水泵基座	检查水泵基座螺栓画线完整,基座无锈蚀	
电源	低压双电源供电、消防控制柜内部、跨接地线检查	检查两路供电开关是否合上,供电正常、各继电器运行无杂音、触点无打火现象、KB_0状态处于合闸位、跨接地线紧固	
水泵及其附件	进、出水管上的阀门开关状态,消防水池浮球阀状态	检查进水管阀门是否常开,泄水阀门应处在关闭位置,铅封无破损,浮球阀能正常动作	
	水泵及其管路附件是否有漏水现象 消防水池、管路及水泵是否有漏水现象	消防水池、高位消防水箱、水泵、湿式报警阀及管路等附属设施无漏水、锈蚀现象	
运行电流测试	检查水泵的运行电流是否正常,并分析三相平衡	电箱线缆接线牢固,三相电流平衡。水泵运行电流在额定范围内(正常运行电流等于水泵额定功率的2倍左右),三相平衡不超过10%,电机无过热现象	
控制柜	消防水泵控制柜柜体和柜门	检查消防水泵控制柜柜体和柜门是否变形,柜门是否关好	每季
	手/自动转换开关	检查手/自动转换开关是否打在自动位	
	控制柜面板上的指示灯	检查控制柜面板上的故障指示灯是否亮起(如果亮起进行检查并进行维修)	
电源	低压双电源供电及消防控制柜内部检查	检查两路供电开关是否合上,供电正常,各继电器运行无杂音、触点无打火现象、KB_0状态处于合闸位	
水泵及其附件	压力表显示是否正常	检查压力表指示是否不低于0.4 MPa	
	进、出水管上的阀门开关状态,消防水池浮球阀状态	检查进水管阀门是否常开,泄水阀门应处在关闭位置,浮球阀能正常动作	
	水泵及其管路附件是否有漏水现象 消防水池、管路及水泵是否有漏水现象	消防水池、水泵、湿式报警阀及管路等附属设施无漏水、锈蚀现象	
	水泵基座	检查水泵基座螺栓画线完整,基座无锈蚀	
	设备表面及周围环境卫生	设备表面清洁、无污渍,泵房卫生清洁	

续表

项 目	步 骤	标 准	周 期
内部电路	控制箱检查	主、控回路接线紧固,无松脱,进出线端子(螺栓类)排紧固,划线清晰,无偏移,无故障报警。各继电器运行时无杂音,无过热现象,触点无烧灼、焦黑情况,KB。无过热、过载现象,控制箱内卫生清洁,无杂物,跨接地线紧固	每季
管道	检查水泵减震器是否损坏	减震器完好,无变形,无鼓包现象	每季
管道	检查管道的法兰接口和卡箍螺丝是否紧固	法兰接口螺丝和卡箍螺丝无松动,无锈蚀无掉漆,如发现水泵、管路及配件生锈应及时除锈补漆	每季
运行电流测试	检查水泵的运行电流是否正常,并分析三相平衡	电箱线缆接线牢固,三相电流平衡。水泵运行电流在额定范围内(正常运行电流等于水泵额定功率的 2 倍左右),三相平衡不超过 10%,电机无过热现象	每季
其他附件	检查水泵润滑油,并加油或更换	水泵润滑良好,连接轴处无缺油乳化现象	每季
其他附件	气压罐压力表.泄压阀是否正常	气压罐压力不低于 0.4 MPa,安全泄压阀无动作,铅封无破坏	每季
其他附件	水泵电机风扇	检查水泵电机风扇内有无异物、有无卡滞	每季
控制柜	消防控制柜主、控回路,跨接地线接线紧固	接线紧固无松动	每年
控制柜	更换消防控制柜排热风扇	排热风扇卡滞进行更换	每年
控制柜	更换消防控制柜内各受损电气元器件	更换受损元器件	每年
控制柜	清除消防控制柜内积灰,清扫控制柜底坑灰尘	吹灰干净,无杂物	每年
控制柜	检修消防控制柜柜体、柜门、门锁,对锈蚀处进行除锈防腐处理	对掉漆、损坏进行修补处理	每年
水泵	遥测水泵电机绝缘电阻(水泵电机对地绝缘和相间电阻≥2.0 MΩ)	记录对地绝缘,相间电阻平衡	每年
水泵	紧固电机接线盒内端子接线	端子紧固并划线	每年
水泵	水泵出水口排气孔放气	在排气孔放气,直至无气排出	每年

项 目	步 骤	标 准	周 期
水泵	检查水泵电机风扇磨损变形、卡滞	水泵电机风扇磨损变形、卡滞则立即换新	
	检查消防泵电机轴承有无卡阻	消防泵电机轴承若有卡阻则立即换新	
	检查消防泵联轴器垫片有无磨损	消防泵联轴器垫片磨损则立即换新	
	检查水泵减震器是否损坏	水泵减震器损坏则立即换新	
	清除水泵灰尘和油垢对锈蚀处进行除锈刷漆处理	清除水泵灰尘和油垢对锈蚀处进行除锈刷漆处理	
水泵附件	检查阀门开关状态是否正常,对所有阀门进行上油润滑	使阀门能够正常转动	每年
	检查水泵管道软连接	对有裂纹的进行更换	
	气压罐压力表、消防安全阀是否正常	气压罐压力不低于 0.4 MPa,安全泄压阀无动作,铅封无破坏	
	消防管网泄压,进行电接点压力表与消防稳压泵的联动测试	消防泵仍在自动位,通过电接点压力表或泄水阀泄水,打开泄水阀泄水,验证消防稳压泵在消防情况下能否自动启泵	
	对消防管路及其附件进行除锈防腐处理	对锈迹进行打磨喷漆	
运行测试	对设备送电	对电源控制箱、消防控制柜进行送电操作	
	对设备进行点动测试	对消防稳压泵加压泵进行点动测试,确认消防控制柜故障指示灯无故障显示	
	湿式报警阀检查	湿式报警阀无报警、无漏水、锈蚀,放水测试压力开关正常动作,警铃发出报警声音	
	喷淋水泵进行消防测试	喷淋泵在自动位,打开末端放水装置泄水,湿式报警阀动作,验证喷淋泵在消防情况下能否自动启泵	

（2）潜污泵

潜污泵的检修表见表3-13。

表3-13　潜污泵的检修表

项　目	步　骤	标　准	周　期
控制箱	控制箱元器件及指示灯显示是否正常	主、控回路接线紧固、无松脱、无故障报警,跨接地线紧固。各继电器运行时无杂音,无过热现象,触点烧灼、焦黑情况,KB₀无过热、过载现象;检查控制箱面板上的故障指示灯无亮起(除超低水位报警外),如果亮应进行维修	每月
水位检测	观察泵井内水位的情况,检查是否出现水位到达起泵水位而水泵无自动启动的情况	检查液位显示仪启、停泵参数有无异常(参照集水池深度),显示水位与实际相符	
水位检测	手动分别启动各台水泵,水泵运行的声音是否正常及水位是否下降	检查水泵运行是否平稳,无噪声,有无反水,出水压力表指针有动作	
水泵及其附件	检查管道、阀门及其附件是否正常	管道及阀门安装稳固,无破裂漏水、锈蚀、松动、堵塞;对无动作的压力表进行更换,对损坏缓冲管进行更换;对有裂纹的橡胶软接进行更换;止回阀启闭正常,并做好螺栓画线标识	
水泵及其附件	检查泵叶轮泵轴、轴承等内部零件的磨损情况(在发现异响或运行电流异常时进行)	如发现水泵运行时发出不规则频率声音,且运行电流大于或小于额定电流时必须提起检查(正常运行电流等于水泵额定功率的2倍左右)	
水泵及其附件	检查完毕后把水泵电控箱手/自动开关打回至自动状态	控制柜手自动位在自动状态	
水泵及其附件	异常情况时更换润滑油(在发现异响或绝缘电阻突降异常时进行)	如发现水泵在定期检查时绝缘电阻值持续下降且小于 2.0 MΩ 时或漏水报警,必须提起检查油室是否进水	
水泵及其附件	区间水泵在车控室 BAS 界面强制启停控制测试	BAS 工作站能远程控制水泵启停	
水泵耦合检查	检查水泵与泵座是否吻合	水泵与耦合装置吻合,无反水现象	
控制箱	液位显示仪	检查液位显示仪启、停泵参数有无异常(参照集水池深度),显示水位与实际相符	每年
控制箱	潜污泵控制箱内各电气元器件检查并吹扫积灰	吹灰干净,无杂物	

项　目	步　骤	标　准	周　期
控制箱	控制箱检查	主、控回路接线紧固、无松脱、无故障报警,跨接地线紧固。各继电器运行时无杂音,无过热现象,触点无烧灼、焦黑现象,KB_0无过热、过载现象	
水泵及其附件	检查集水井水位和压差控制器是否正常	目测集水池实际水位与压差液位仪显示水位应一致、准确	每年
	检查水泵运行是否正常	水泵运转正常,无异响,出水压力表有指示反映,出水管路止回阀有动作声音	
	检查扬水管道压力表、缓冲管等	对无动作的压力表进行更换,对损坏缓冲管进行更换	
	检查水泵管道橡胶软连接对有裂纹的进行更换	对有裂纹的橡胶软连接进行更换	
	检查水泵止回阀是否正常,对关闭不严密的进行更换或修复	管道、阀门及附件安装稳固,无破裂漏水、锈蚀、松动、堵塞,检查管路连接螺栓画线标识	
	检查水泵电箱接线是否牢固,水泵运行电流是否正常	电箱线缆接线牢固,三相电流平衡,潜水泵运行电流在额定范围内(正常运行电流等于水泵额定功率的2倍左右)	
	设备及周围环境的检查,使情况进行清洁	设备房整洁,无杂物	
	检查水泵绝缘电阻	绝缘良好,对地电阻不小于2.0 MΩ	
	检查水泵叶轮运转情况、声音是否正常,是否正常抽水	运行时水位正常下降、无喘振、特别噪声及其他振动(如有上述情况必需提起水泵检查)	
	打开水泵反冲洗阀门,开启水泵进行反冲洗水泵	污水池底无板结、水面无浮渣层现象,水泵无缠绕	
	异常情况时(在发现异响或绝缘电阻突降时进行)	如发现水泵在定期检查时绝缘电阻值持续下降且小于2.0 MΩ时或漏水报警,必须提起检查油室是否进水	

（3）污水处理设备

污水处理设备检修表见表3-14。

表 3-14 污水处理设备检修表

项 目	步 骤	标 准	周 期
控制柜	污水处理设备控制柜	检查污水处理设备控制柜无变形、损坏，对控制柜进行补漆	每年
	污水处理设备控制柜电器元器件	检查污水处理设备控制柜电气元器件工作正常，无烧灼痕迹，对电缆接线进行紧固，卫生清洁	
药剂	溶药桶、二氧化氯发生器	检查溶药桶及二氧化氯发生器无泄漏	
水泵	废水提升泵、污水提升泵及污泥螺杆泵	检查废水提升泵、污水提升泵及污泥螺杆泵运行是否平稳，电气性能正常，遥测水泵电机绝缘电阻（水泵电机对地绝缘和相间电阻不小于 2.0 MΩ）	
气浮装置	气浮、二氧化氯发生器的运行情况	检查气浮、二氧化氯发生器的运行情况是否平稳，无异常振动和噪声	
	气浮装置情况	检查设备运行是否平稳，无异常振动和噪声，设备无锈蚀	
处理设备及其附件	管路及阀门开关	检查所有阀门与管路是否漏水、开关是否灵活，对管道阀门进行维护保养	
	污水处理一体化装置盖板	检查污水处理一体化装置盖板是否完整无缺	
	仪器仪表情况	检查仪器仪表有无损坏，计量是否准确，发生上述情况进行更换	
	点动设备	点动查看污水处理设备是否能正常运行	
检测项目	检测出水水质是否达到排放标准	pH 值：6 ~ 9；COD：500；BOD5：300；SS：400；石油类：20；动植物油：100；LAS：20	

任务 3.3 低压配电系统

3.3.1 照明配电系统

1）电气元器件概述

地铁的电气元器件种类很多，下面举例进行说明。

（1）LED 指示灯型号

如图 3-35 所示的 CL-523-R。

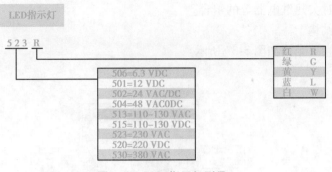

图 3-35 LED 指示灯型号

（2）接触器

①定义

如图 3-36 所示的交流接触器结构图,接触器广义上是指工业电中利用线圈流过电流产生磁场,使触头闭合,以达到控制负载的电器;接触器分为交流接触器(电压 AC)和直流接触器(电压 DC),主要用于电力、配电与用电。

②主要结构

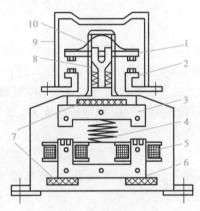

图 3-36 交流接触器结构

1—动触头;2—静触头;3—衔铁;4—弹簧;5—线圈;6—铁芯;

7—垫毡;8—触头弹簧;9—灭弧罩;10—触头压力弹簧

③型号

以 A16-30-10 接触器型号为例,其型号含义如下:A:交流线圈,AF:交/直流线圈;16:额定工作电流;30:主触点数量,第一位 NO 常开数量,第二位 NC 常闭数量,即 3 个常开主触点;10:辅助触点数量,第一位 NO,第二位 NC,即 1 个常开辅助触点(本体自带);即额定电流为 16 A 的交流线圈,3 个常开主触点,1 个常开辅助触点。

（3）断路器

①定义

如图 3-37 所示,断路器是指能够关合、承载和开断正常回路条件下的电流并能关合、在规定的时间内承载和开断异常回路条件下的电流的开关装置。断路器按其使用范围分为高压断路器与低压断路器,高低压界线划分比较模糊,一般将 3 kV 以上的称为高压电器。断路器可用来分配电能,不频繁地启动异步电动机,对电源线路及电动机等实行保护,当它们发生严重的过载或者短路及欠压等故障时能自动切断电路,其功能相当于熔断器式开关与过欠热继电器等的组合。

②主要结构

断路器主要结构如图 3-37 所示。

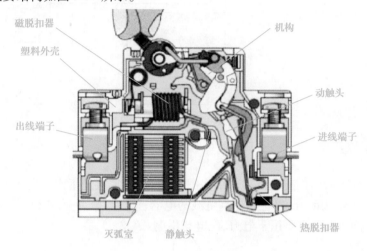

图 3-37　断路器主要结构

③型号说明

举例 T1 N 160 TMD R125 F FC 3P 塑壳断路器的含义:T1:壳架号码;N:短路分段能力;160:壳架电流 Iu;TMD:脱扣器类型;R125:额定电流 In;第一个 F:安装方式,F 为固定式,P 为插入式,W 为抽出式;第二个 FC:主接线方式,FC 为电缆接线,F 为前接线;3P:极数,3P 为 3 极,4P 为 4 极。即短路分段能力为 160 A,额定电流为 125 A,固定电缆接线 3 极断路器。

(4)隔离开关

①定义

如图 3-38 所示,隔离开关是一种主要用于"隔离电源、倒闸操作、用以连通和切断小电流电路",无灭弧功能的开关器件。

②主要结构

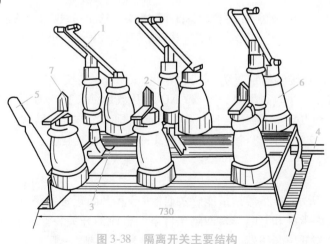

图 3-38　隔离开关主要结构

1—动触头;2—拉杆绝缘子;3—拉杆;4—转动轴;
5—转动杠杆;6—支持绝缘子;7—静触头

③型号说明

举例 H13BX-1500/31 隔离开关的含义:HD:开启式刀形刀开关,HD 为单投刀开关,HS 为双投刀开关;13:操作方式,11 为中央手柄式,12 为侧方正面杠杆操作机构式,13 为中央杠杆操作机构式,14 为侧面手柄式;BX:操作机构,带 BX 为旋转式操作型,不带 BX 表示杠杆式操作型;1 500:额定电流,有 400、600、1 000、1 500 等;3:级数,有 3、4;1:灭弧罩,有 0 表示不带灭弧罩,1 有灭弧罩。

2)照明系统

(1)系统概述

在地铁中根据各场所照明负荷的重要性,照明负荷可分为三个等级,一级负荷、二级负荷、三级负荷。一般来说,事故照明(疏散指示)为一级负荷,节电照明、工作照明为二级负荷,广告照明为三级负荷。

(2)配电方式

工作照明、节电照明由 0.4 kV 低压柜馈出电源至总配电箱后再馈给设备。EPS 应急照明装置由 0.4 kV 低压柜两段母线上各馈出一路电源,经 EPS 再馈出至照明配电室的事故照明配电箱后配出。

(3)控制方式

车站照明分为三级控制:就地级控制、集中控制、BAS 集中控制。

①就地级控制:各设备及管理用房进门处设有就地开关箱或盒,可控制相应设备及管理用房的工作照明。

②集中控制:照明配电室设有相应照明场所的照明配电箱,可在室内集中控制相应场所的工作照明、节电照明、事故照明及广告照明;正常情况下,配电箱所有开关应全部合上,以便通过就地级和 BAS 集中控制相应场所照明。

③BAS 集中控制:在 BAS 系统上可监控车站、车辆段、控制中心等工作照明、节电照明及广告照明的工作状态。

3.3.2 动力配电系统

1)电气元器件概述

(1)ASCO 系列动力配电箱

①外观效果图

如图 3-39 所示是 ASCO 系列动力配电箱的板面外观效果图。

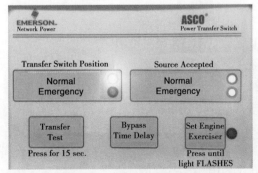

图 3-39 ASCO 外观效果图

②接线图

如图 3-40 所示 ASCO 系列配电箱内部接线图。

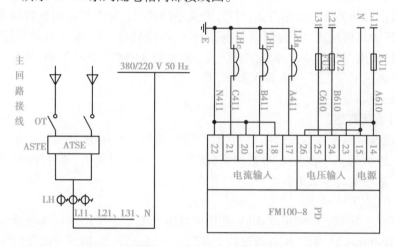

图 3-40   ASCO 内部接线图

③操作步骤

a. 手动操作测试转换开关上的维护手柄,专为维护之用,在通电前(电气操作),应检测转换开关的手动操作。握住附装的维护手柄并用拇指和手指转动手柄以进行手动操作,维护手柄的转动与配重块的方向相反,向上或向下转动以手动操作转换开关,操作应顺畅,且无停滞。

b. 电气操作常用电源必须有效并且引擎处于准备启动状态。检查常用电源有效指示灯点亮→按住转换开关测试按键直到引擎启动并运行。这个过程应该在 15 s 内完成→备用电源有效指示灯应点亮→如果转换至备用电源延时已启用(最长 5 min),转换将在这个延时过后发生。按下延时旁路按键,转换将立刻发生→转换开关转换至备用电源侧,负载使用常用电源指示灯灭,负载使用备用电源指示灯亮→如果转换至常用电源延时已启用(最长 30 min),转换将在这个延时过后发生。

(2)电涌保护器-OVR

①作用

电涌保护器的作用是将窜入电力线、信号传输线的瞬时过电压限制在设备或系统所能承受的电压范围内,或将强大的雷电流泄流入地,保护被保护的设备或系统不受冲击而损坏。

②型号

举例:如图 3-41 所示 OVR 3N-65-440s P TS。

2)动力配电系统

(1)配电方式

降压所配电方式,对于降压所直接供配电的一级负荷设备(如通信系统、信号系统、消防系统、废水泵等),系统由降压所低压柜两段母线各馈出一路电源至设备附近的双电源切换箱,经双电源切换箱实现双电源末端切换后再馈出给设备,两路电源正常时一路工作,一路备用,并可互作备用。

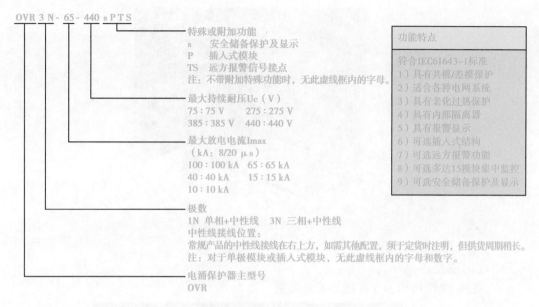

图 3-41　电涌保护器型号注释图

对于降压所直接供配电的二级负荷设备（如自动扶梯、污水泵、集水泵等），系统由降压所低压柜其中一段母线馈出一路电源至设备附近的电源配电箱后再馈出给设备，当该段母线失压后，母线分段断路器（母联断路器，联接两段母线）自动合闸，可由另一段母线继续供电。

对于降压所直接供配电的三级负荷设备（广告照明、三级动力等），系统由降压所低压柜其中一段母线馈出一路电源至设备附近的电源配电箱后再馈出给设备，当降压所低压柜任一段母线失压或故障时，均联跳中断所有三级负荷设备供电。

（2）控制方式

降压所配电控制方式，对于通信、信号、废水泵、电梯等由降压所直接供配电的各系统设备，系统提供电源至各设备附近的双电源切换箱或配电箱，操作人员可在降压所或设备附近的双电源切换箱或配电箱上对各设备作电源通断或切换操作控制。

3.3.3　EPS 应急照明装置系统

如图 3-42 所示为 EPS 应急照明装置系统外观效果。

1）EPS 功能柜概述

EPS 由三个柜体组成：监控馈电柜、充电逆变柜、电池柜，电池柜数量按照电池组数的多少适当增加，一般从左至右依次排列。

监控馈电柜内主要排布双电源切换开关、采集控制单元、供电电源、监控装置、馈线检测、回路开关等元器件，完成整台 EPS 运行参数与状态的采集和传输、控制和联动等功能。

充电逆变柜内主要安装充电机、逆变器、逆变变压器、滤波电容等元器件。

电池柜内主要安装蓄电池和电池检测仪等元器件。

图 3-42 EPS 应急照明装置系统外观效果图

2）电气元器件概述

（1）逆变器

如图 3-43 所示为逆变器外观效果图。

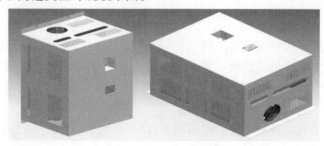

图 3-43 逆变器外观效果图

①EPS 的性能特点

a. 正弦波逆变电源采用智能化高频调制开关控制技术，逆变器控制线路应简捷、可靠；

b. 采用 SPWM 脉宽调制技术，输出为稳频稳压、失真度低的纯净正弦波；

c. 带载能力强、感性及容性负载适应性好，动态响应时间短；

d. 具有预充电回路，对整机的开机冲击小；

e. 出现电池即直流输入电压过高/过低告警、过载告警时将关输出；当直流输入电压恢复正常或过载消除后，电源自动恢复输出；当负载短路时，逆变电源将停止输出，当负载恢复正常后，电源自动恢复输出。

②功能特点

a. 输出过载保护：每个模块的输出功率受到限制，输出电流不能无限增大，通过霍尔传感器检测输出电流，若过载 120%，则在 1 h 后停机；若过载 150%，则在 1 min 后停机。

b. 短路保护：当输出短路时，直流母线的霍尔传感器能瞬间检测到短路电流，并在几个微秒内关闭 SPWM 信号，能有效地保证 IGBT 不因短路而损坏，保证了整机的正常运行。

c. 过热保护功能：过热保护主要是保护大功率变流器件，器件的结温和电流过载能力均有安全极限值，正常工作情况下，系统设计留有足够余量，在一些特殊环境下，如环境温度过高，模块检测散热器温度超过 80 ℃时自动关机保护，温度降低到 75 ℃时模块自动启动。

d. 不平衡保护功能:通过检测三相输出电流的大小,控制三相输出的不平衡度,当最大相电流为额定电流 I_{max}/I_{min} 达到120%时,逆变器保护停止输出。

e. 欠压保护:当直流母线电压过低时逆变器停止输出,此时只有打开强制按钮才能工作。

f. 软启动:逆变启动时具有延时功能,能有效地减小对模块 IGBT 的瞬间冲击。

g. 测量显示功能:测量模块能输出逆变电压和输出电流及直流母线电压的工作状态,并通过数码管显示,使用者可以直观方便地了解逆变器的工作状态。

③技术指标

逆变器技术指标见表3-15。

表3-15　逆变器技术指标

型　号			YJNB/D-□□KVA　　YJNB/S-□□KVA
输入		直流电	(三相)DC430 V ~ DC574 V (单相)DC189 V ~ DC300 V
输出		容量	2.2 ~ 315 kV · A
		电压	[380×(1±5%)/220(1±5%)]V
		波形	正弦波　失真度≤3%
		频率	50×(1±0.5%)Hz
噪声			≤55 dB
逆变效率			≥90%
输出波形为标准正弦波			正弦波 失真度不大于3%
适应负载			电感性和电感电容性混合负载
负载下平衡能力(最大相电流为额定电流 I_{max}/I_{min})			120%
过载能力			120% 大于 1 h;150%,1 min
满负载带载供电时间			≥120 min
主机设计寿命			不低于 20 年
外壳防护等级			不低于 IP41
冷却方式			智能风冷
环境温度			-25 ~ +40 ℃
相对湿度			0 ~ 90%
海拔高度			<2 000 m

(2)充电机

如图 3-44 所示为充电机外观效果。

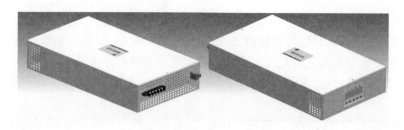

图 3-44　充电机外观效果图

①充电机性能特点

a.模块化设计,采用 $N+1$ 热备,可平滑扩容;

b.模块可带电插拔,更换安全方便;

c.充电机采用独立工作模式,一个模块故障不影响其他充电模块的正常工作;

d.效率高,模块效率可达到95%;

e.模块配有 RS485 通信接口,便于接入自动化系统;

f.采用内置直流输出隔离二极管,用户无须外设。

②功能特点

a.输出限流保护:每个模块的输出功率受到限制,输出电流不能无限增大,因此每个模块输出电流最大限制为额定输出电流的1.1～1.2倍,如果超负荷,模块自动调低输出电压以保护模块。

b.短路保护:输出短路时模块在瞬间把输出电压拉低到零,限制短路电流在额定电流的10%以下,此时再断开输出继电器,以达到保护模块和用电设备的目的,模块可长期工作在短路状态。

c.输出过压保护:输出电压过高对用电设备会造成灾难性事故,为杜绝此类情况发生,充电模块内应有过压保护电路,出现过压后模块自动锁死,故障模块自动退出工作而不影响整个系统正常运行。

d.过热保护:过热保护主要是保护大功率变流器件,这些器件的结温和电流过载能力均有安全极限值,正常工作情况下,系统设计留有足够余量,在一些特殊环境下,如环境温度过高,模块检测散热器温度超过 80 ℃时自动关机保护,温度降低到 75 ℃时模块自动启动。并能根据环境温度适时调整浮充电压。

e.测量显示功能:测量模块输出电压和电流及模块的工作状态,并通过数码管显示,使用者可以直接方便地了解模块和系统工作状态。

(3)采集单元

如图 3-45 所示为采集单元外观效果。

采集单元的功能特点有以下几个方面:

a.检测双电源输出端三相市电电压,判断三相电压状态(欠压或过压)来启动逆变器工作。

b.检测逆变电源输出端三相逆变电压。

c.检测电池组电压,并判断电池组电压状况,如果电池组欠压则立即停止逆变并切断电池。

d.对所有电路模块供电,电池的欠压报警值和欠压保护值均能通过监控上位机设置。

图 3-45　采集单元外观图

e. 检测 EPS 输出端三相附载电流,并判断是否过载。负载过载 120% 时,能控制持续逆变 1 h;负载过载 150% 时,可控制逆变持续 1 min 后停机保护,并可通过监控上位机设置负载功率,以及 EPS 控制器电流量程等重要参数。

f. 检测两路市电缺相状态,当检测到两路市电全缺相时,立即启动逆变器工作。

g. 开关量输入检测,如强制、主电、备电、逆变故障检测、消防联动。如果检测到强制信号,则对电池欠压不保护;如检测到主电信号,无论何种状态,都不启动逆变;如检测到备电或消防联动信号,则立即启动逆变器工作。

h. 开关量输出控制,如主备电切换控制、电池控制、逆变启动控制等。

i. EPS 采集单元采用宽电压开关电源供电,自适应能力强。

j. 配置 RS485 接口,采用标准的 MODBUS RTU 通信协议,可与各种监控上位机联机通信。

(4)馈线检测单元

如图 3-46 所示为馈线检测单元外观效果。馈线检测单元的性能特点有以下几个方面:

图 3-46　馈线检测单元外观图

a. 馈线检测模块作为 EPS 的部件,模块自身带有微处理器,实现输入开关量的读入、输出继电器的动作及与上位机的通信功能,模块扩展功能强;

b. 有 24 个输入端口采集输入开关量信号,用于采集 EPS 柜内各种开关量信号或故障检测;

c. 配置有 16 路常开继电器输出口,最大驱动能力每路 DC30 V/10 A 或者 AC277 V/10 A;

d. 根据故障信息启、停相应的继电器,各个输出节点可由上位机联动控制;

e. 模块采用 MODBUS-RTU 协议实现与上位机进行信息交换、联动功能。

（5）电池检测单元

如图 3-47 所示为电池检测单元外观效果。电池检测单元的性能特点如下:

图 3-47　电池检测单元外观图

EPS 电池检测仪,能对每台 EPS 配置的 18 节或者 41 节的单节;蓄电池进行电压检测,准确反映蓄电池的运行状态。该单元显示部分采用 LCD 和 LED 方式,操作简单,便于使用和掌握。电池检测仪既可以独立使用,也可以通过 MODBUS RTU 协议方式对外通信做单独器件使用,可随时进行信息查询和数据分析。

（6）蓄电池

蓄电池的性能特点有以下几个方面:

a. 蓄电池每单格(单体)为 2 V(标定电压),如果是 12 V 的蓄电池,则其内部是由 6 个单体经过氧焊串联焊接而成;

b. EPS 配用的铅酸蓄电池一般为 12 V 系列,在大功率 EPS 配置长延时蓄电池超过几百安时(AH)时,一般采用大容量的 2 V 系列或采用 12 V 系列的几组并联;

c. EPS 配置的蓄电池组,每组是以串联的方式连接,不同组之间是以并联的方式并接。如果每个蓄电池为 12 V—100 AH,则由 18 个 12 V—100 AH 的蓄电池串联而成的蓄电池组,其电压相加为 12 V×18 = 216 V,容量不变为 100 AH,即蓄电池组为 216 V—100 AH 系统。两组 216 V—100 AH 蓄电池组并联,则整个并联系统则是 216 V—200 AH,即并联时电压不变,容量相加。不同电压蓄电池组不得并联连接,否则很容易造成整套蓄电池系统的损坏。

3.3.4　通风空调电控柜系统

1)设备结构特点

由于通风空调电控柜系统的类型较多,下面主要以西安航天自动化股份有限公司 ABB MNS2.0 低压开关柜为例。

①环控柜采用西安航天自动化股份有限公司 ABB MNS2.0 低压开关柜,为封闭式户内成套设备,采用固定、分割、抽屉(抽出)式结构。

②双电源进线回路、软启动器回路、变频器回路采用固定式结构,其他回路开关采用抽屉式结构。

③柜体为组合装配式结构,柜体采用敷铝锌板,柜体的全部金属结构件都经过防腐处理。

④设计紧凑,以较小的空间能容纳较多的功能单元,单面柜最多可容纳的功能单元(抽屉)为36个。

⑤结构通用性强,组装灵活,以25 mm为模数的C型型材能满足各种结构形式的要求。柜架结构件全部采用自攻螺钉连接,装配方便,不需要特殊复杂工具。

⑥采用标准模块设计,200余种组装件可以组成不同方案的柜架结构和抽屉单元。抽屉式柜体分隔为三室,即水平母线室、功能单元室及电缆室,室与室之间用高强度阻燃环保塑料功能板或覆铝锌板相互隔开。

⑦抽屉单元带有导轨和推进机构,设有工作、分闸、试验、抽出和隔离位置,并配有相应的符号标志,同类型抽屉具有互换性,一旦发生故障,可以在系统供电情况下更换故障开关,迅速恢复供电。

⑧对于安装有变频器、软启动器的环控柜设有机械通风装置。对于安装有网关、通信接口模块、智能模块的环控柜设有自然通风口。

⑨柜门开启灵活、开启角度大于90°,采用紧固件连接,紧固件具有防腐镀层或涂层,紧固连接有防松脱措施。

⑩柜内元器件和材料为高强度阻燃产品,能有效加强防护安全性能。每台抽屉柜都设有阻燃型的高密度聚氨酯塑料功能板,安装在主母线室与功能室之间,可有效防止开关元件因故障引起的飞弧及与母线之间短路造成的事故。

⑪柜体采用双列对面布置或单列布置形式。

⑫柜内主母线采用高强度绝缘母线夹固定在柜体后部或上部。配电母线组装在阻燃型塑料功能板中,通过特殊联接件与主母线联接,引出的一次电缆线位于柜的右前面。柜内设有独立的PE接地系统和N中性导体,两者贯穿整个装置,安装在柜前底部及右侧,各回路接地或接零都可就近联接,具有较高的接地可靠性。

⑬柜体底板、框架和金属外壳等外露导体部件通过直接的相互有效连接或间接地由保护导体完成的相互有效连接,确保保护电路的连续性。固定抽出式开关可与抽屉的金属外壳和环控柜的框架通过进行直接的有效连接以确保保护电路的连续性。保护接地端子设置在容易接近之处,能保证电器与接地极或保护导体之间的连接。

⑭柜体面板上设置数字测量表和反映设备运行状态的指示灯。

⑮所有电器设备、元件及其附件在系统电压为AC[380×(1±10%)/220(1±10%)]V,系统额定频率为50 Hz ±2 Hz下能长期稳定可靠运行。

⑯所有电器设备、元件及其附件均采用工业级产品,具有抗电磁干扰能力,满足相关国际、国家标准。

⑰柜体结构便于电缆连接,功能单元插拔时不会磨损垂直母线,以便于操作、维护。

2)受电设备

①区间隧道通风系统设备:隧道风机(TVF)、射流风机(SL)、风阀。

②车站隧道通风系统设备:轨道排热风机(TEF)、风阀。

③车站通风空调系统设备。

④大系统:空调机组、回/排风机、电动风阀。

⑤小系统:设备用房柜式空调器、送风机、排风机、排烟风机、电动风阀。

⑥水系统:冷水机组、冷冻水泵、冷却水泵、冷却塔风机、电动蝶阀。

3)电气元器件概述

(1)软启动器

软启动器是一种集软启动、软停车、轻载节能和多功能保护于一体的电机控制装备。实现在整个启动过程中无冲击而平滑的启动电机,而且可根据电动机负载的特性来调节启动过程中的各种参数,如限流值、启动时间等。

①外观效果图

如图3-48所示为软启动器的外观效果图,对于容量不小于55 kW的电机,会采用软启动器实现对环控柜风机回路的智能控制、保护及监视。西安地铁采用的软启动器为A-B公司SMC-Flex系列产品。

②与BAS接口

软启动器采用ControlNet通信接口,直接与BAS系统ControlNet总线连接,实现与BAS系统联网通信。通信内容包括接受BAS系统下传的风机正反向启动、停止命令,以及向BAS系统上传风机控制方式、运行状态、故障信息以及A相电流、AB相电压、有功功率、能耗、使用时间等多项电机运行参数。

(2)变频器

变频器是应用变频技术与微电子技术,通过改变电机工作电源频率方式来控制交流电动机的电力控制设备。变频器主要由整流(交流变直流)、滤波、逆变(直流变交流)、制动单元、驱动单元、检测单元微处理单元等组成。

图3-48　软启动器外观效果图

图3-49　变频器外观效果图

①外观效果图

如图3-49所示为变频器外观效果图。

②与BAS接口

变频器器采用ControlNet通信接口,直接与BAS系统ControlNet总线连接,实现与BAS系统联网通信。通信内容包括接受BAS系统下传的变频启停命令和变频调节命令、上传风机控制方式,以及向BAS系统上传风机控制方式、运行状态、故障信息,以及输出电流、电压、频率,变频器温度,故障母线电压等运行参数。

(3)电机保护控制模块

电机保护控制模块,是针对低压电动机在各种应用场合产生的故障诊断而开发的智能电动机保护器。具有体积小,质量轻、功能强大、可靠性高、配置灵活、外形美观、安装方便等特点。

①外观效果图

如图 3-50 所示为 AB E3 Plus 电机保护控制模板外观效果图。

②性能特点

a.保护功能丰富,具有过载、电流不平衡、缺相、接地故障、堵转、失速、轻载、电机过热等保护功能;

b.E3 Plus 的电流范围为 0.4~5 000 A,按照电流大小不同分为很多种。并且在 860 A 以下的 E3 Plus 全部内置电流互感器,通过电流互感器自动采集电机一次侧电流,对电机的各项电流参数进行监视,包括每相电流值、每相电流对电机额定电流的百分比、平均电流值、平均电流对电机额定电流的百分比、已使用的电机热容量百分比、接地故障电流、电机不平衡百分率等。

图 3-50　AB E3 Plus 电机保护
控制模块外观效果图

③E3 Plus 中集成了 4 个数字量输入通道、2 个数字量输出通道,并且均为可编程端子,通过对 I/O 的配置,实现信息的采集和远程控制。

④报警功能:E3 Plus 通过对电机热容的建模,实时监测电机热容的变化,当电机热容达到 100% 时,E3 Plus 会脱扣采取保护动作。

⑤预报警功能:可以监测电机达到某个设定值(如 80% 热容)时,向系统报警,并告诉系统离脱扣时间还有多长时间。这时维护人员可以及时采取相应措施。

⑥设备自动更换功能。如 E3 Plus 发生故障后,只需换上相同型号的设备,系统会通过 DeviceNet 向该设备下载原先模块的配置信息。E3 Plus 自动配置完后,便可以正常使用,方便系统维护。

⑦E3 Plus 具有强大的诊断功能,通过 DeviceNet 网络可以监视设备状态、脱扣状态、报警状态、距离过载脱扣的时间,脱扣后距离复位的时间,以及存储在内的最后 5 次脱扣故障有关信息。

⑧E3 Plus 可以通过自带的 DeviceNet 网络接口实现远方复位功能,可以实现故障自动诊断并向系统报警。

⑨E3 Plus 具有 LED 状态指示灯,不仅能够显示网络状态和故障状态,而且可以显示I/O 状态:

a.1 个网络状态指示灯:绿色/红色,反映网络连接状态;

b.1 个脱口/报警指示灯:该指示灯呈琥珀色闪烁,表示出现报警情况,红色闪烁表示发生脱扣。根据闪烁代码,可以知道相应的情况;

c.6 个 I/O 状态指示灯:黄色,反映 I/O 状态;

⑩E3 Plus 内置 DeviceNet 通信接口,通过环控柜网关与 BAS 系统 ControlNet 总线连接,实现与 BAS 系统联网通信。通信内容包括接受 BAS 系统下传的风机启动、停止命令,以及向 BAS 系统上传风机控制方式、运行状态、故障信息以及平均电流。

(4)智能电力测控仪表

①外观效果图

如图 3-51 所示为智能电力测控仪表外观效果图。

FM100-8 电量测控装置　　　　　　FM100-3B 电流表

图 3-51　智能电力测控仪表外观效果图

②型号

所有进线柜一般均配置有智能电力测控仪表,用于进线回路电力参数的监测,西安地铁的智能电力测控仪表选用深圳华力特电气有限公司的 FM100 系列产品(如图 3-50 所示),电源进线柜采用 FM100-8 型智能电量测控装置,固定柜采用 FM100-3B 型数字电流表,抽屉单元采用 FM100-3A 型数字电流表。一般情况下,通风空调电控柜出厂时已对电量测量装置进行了参数设置,使用时无须再次设定。

③注意事项

在对电量测量装置进行维修、换新后,需对相关参数重新设定。

(5)PLC 控制器

①外观效果图

如图 3-52 所示为 Micrologix1400 系列外观效果图。

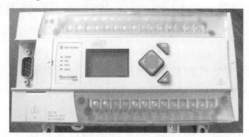

图 3-52　Micrologix1400 系列外观效果图

②性能特点

通风空调系统组合式电动风阀由 BAS 系统协调控制,风阀自带就地控制箱,环控柜为风阀控制箱提供电源。在每座地铁车站 A 端和 B 端电控室分别设置若干套 PLC 控制器,作为现地控制器实现这些风阀的监测与控制,并与 BAS 系统采用现场总线方式连接。PLC 控制器设置在环控柜的智能单元小室。

A-B 公司 Micrologix1400 系列 PLC 产品是一款功能强大的小型可编程逻辑控制器,最大可扩展 7 个 I/O 模块,每个 I/O 模块最大点数为 16 点,最大支持点数为 144 点。每套 PLC 控制器均具有 DeviceNet 通信接口,通过环控柜 CN2DN 网关与 BAS 系统 ControlNet 总线连接,实现与 BAS 系统联网通信。通信内容包括接受 BAS 系统下传的风阀开启、关闭命令,以及向 BAS 系统上传风阀控制方式、全开位置、全关位置等状态信息。

3.3.5 低压配电系统重点设备检修

1)设备巡检

(1)环控电控柜

环控电控柜巡检项目表见表3-16。

表3-16 环控电控柜巡检项目表

项　目	步　骤	标　准
BAS图元	查看BAS工作站及报警信息	模式执行成功,BAS工作站无报警信息,风机风阀处在BAS位
设备房环境	检查设备房室内环境	地面干净整洁,照明正常,设备房天花板、墙体、各风管道和风口无滴水、漏水现象,风管保温棉无脱落
柜体	检查柜体标识	柜体表面清洁、无污迹
触摸屏、PLC	检查触摸屏及PLC	显示屏正常显示设备状态信息,PLC CPU RUN灯点亮,网关和PLC控制器面板指示灯显示正常
电源、火灾报警	检查电源柜双切面板指示状态及火灾报警信息	①双切面板两路电源指示灯亮(主用电源绿色、备用电源红色),主用电源投入指示灯亮 ②火灾模式指示灯不亮 ③门板仪器仪表各参数显示正常
备用抽屉	检查各备用抽屉状态	各备用抽屉打至"环控"并处于"分闸"位
电源柜	检查电源柜	①柜内无异味、无异响 ②电缆和铜排的接线端子无松动、烧灼及焦黑情况 ③互感器外观无变形、破损
软启动器柜	检查软启动器柜	①柜内无异味、无异响 ②前轴温度表、后轴温度表、定子绕组温度表无缺失,温度显示无异常 ③电缆和铜排的接线端子无松动、烧灼及焦黑情况 ④互感器外观无变形、破损 ⑤控制器面板无报警信息
变频器柜	检查变频器柜	①柜内无异味、无异响 ②电缆和铜排的接线端子无松动、烧灼及焦黑情况 ③接触器无异响 ④互感器外观无变形、无破损 ⑤变频器风扇及柜体风扇运转正常,无卡滞现象

续表

项 目	步 骤	标 准
智能模块、网关电源	检查智能模块、网关直流 24 V、交流 220 V 电源指示灯	24 V 指示灯及 220 V 指示灯点亮
风机、风阀	检查普通风机、风阀工作状态	风机、风阀处在 BAS 位,运行状态与模式要求一致
风机运行电流	观察风机的运行电流	风机运行电流无异常(电流值一般小于额定功率值的 2 倍,且小于额定电流值)

（2）EPS 事故照明装置

其巡检表如表 3-17 所示。

表 3-17　EPS 事故照明装置巡检表

项 目	步 骤	标 准
BAS 图元	查看 BAS 工作站及报警信息	查看 BAS 工作站,无故障报警信息
设备房内环境	检查设备房室内环境	照明正常,设备房天花板、墙体、各风管道和风口无滴水、漏水现象,风管保温棉无脱落
柜体	检查柜体标识	柜体表面清洁、无污迹,元器件标识清晰无缺少,柜体门板锁扣完好,门板紧锁
工作状态	检查 EPS 设备工作状态	EPS 装置应处于市电工作状态
双电源切换装置	检查双电源切换装置	双切面板两路电源指示灯亮(主用电源绿色、备用电源红色),主用电源投入指示灯亮
控制柜	检查控制柜	①柜内无异味、无异响 ②接线端子无烧灼、发黑现象 ③维修旁路接触器不吸合,维修旁路指示灯不亮
查看触摸屏信息	查看触摸屏显示的电池单节电压、输入电压、充电电流数值和报警信息	①单节电池电压 12.0 ~ 14.0 V ②市电三相电压 198 ~ 242 V ③查看 48 h 内历史时间报警信息,对重点故障进行记录及上报
柜内元器件	检查柜内各元器件	①柜内各元器件工作正常 ②风扇运转正常,无卡滞现象
断路器	检查断路器工作状态	在用馈线开关合闸,备用馈线开关分闸
电池组	检查蓄电池组状态	①电池无变形鼓包、无裂纹、无漏液或结晶现象 ②电池端子保护盖完好、无丢失
柜内温度	检查机柜温度	机柜温度不超过规定温度(一般为 65 ℃)

（3）照明配电箱（柜）

其巡检表如表3-18所示。

表3-18 照明配电箱（柜）巡检表

项　目	步　骤	标　准
BAS图元	查看BAS工作站及电气火灾监控设备	①查看BAS界面设备状态是否与现场一致 ②查看电气火灾监控设备无故障报警信息
设备房环境	检查设备房室内环境	地面干净整洁，照明正常，设备房天花板、墙体、各风管道和风口无滴水、漏水现象，风管保温棉无脱落
柜体	检查箱（柜）体表面	箱（柜）体表面清洁、无污迹
回路状态	在用回路和备用回路状态	在用回路打到"BAS"位上，馈出开关合闸，指示灯状态与BAS模式要求一致。备用回路打到"就地"位上，馈出开关分闸
元器件、接线端子	检查箱（柜）内元器件、接线端子	断路器无破损；接触器无异响。接线端子无烧灼痕迹、异味
双电源切换装置	检查双电源切换装置	双切面板两路电源指示灯亮（主用电源绿色、备用电源红色），主用电源投入指示灯亮
转换开关	检查电源转换开关状态	电源转换开关处于投入位置
电气火灾	检查电气火灾监控主机及探测器	电气火灾监控主机及探测器无报警；主机元器件及接线端子完好、无烧灼
智能疏散	智能疏散主机、分机	主机无报警，主、分机内元器件及接线端子完好、无烧灼

2. 设备检修

（1）环控电控柜

其巡检项目表如表3-19所示。

表3-19 环控电控柜设备检修项目表

项　目	步　骤	标　准	周　期
400 V断电	对400 V设备进行断电操作	BAS控制电源断电，环控柜负载及进线开关断电，环控柜对应400 V开关柜抽屉断电，软启动器断电，电压显示为零	每半年
柜体卫生	检查柜体环境，对柜体灰尘进行擦扫	柜体卫生良好，无垃圾、无明显灰尘	
螺栓	检查并紧固一次回路螺栓，对垫片标识线进行划线	①螺栓紧固，无松动； ②标识线清晰，无缺失； ③螺栓与垫片标识线对齐，无偏移现象	
二次接线	检查并紧固二次控制回路各接线	二次接线无松动、脱落现象	

续表

项　目	步　骤	标　准	周　期
柜内元器件、铜牌	检查柜体电气元器件、电缆、铜排外观	①电气元器件、电缆无破损和烧灼痕迹 ②铜排无锈蚀、灼伤现象 ③绝缘结构和通电部位无烧灼、焦黑现象	每半年
双电源切换装置	检查双电源切换装置	①手动操作时,双电源切换装置机械机构操作灵活,无卡滞现象(注:严禁通电情况下手动操作) ②双电源切换装置主回路触点无烧灼碳化痕迹,动静触头表面清洁 ③控制器内部无烧灼、无焦黑 ④各接线端子无松动 ⑤整流模块及电磁线圈外观无烧灼、无破损	
抽屉柜	检查馈线单元(抽屉柜)抽屉操作手柄及抽屉状态	①操作手柄转动灵活 ②抽屉抽出、推入顺畅无卡滞,抽屉导轨无断裂、变形 ③抽屉一次、二次插针无松脱、缺失现象 ④导电膏涂抹均匀	
排热风扇	检查排热风扇	盘动排热风扇,无卡滞现象	
变频器散热风扇	检查变频器散热风扇	排热风扇运行良好,无积灰,无卡滞现象	
防火封堵	防火封堵状态	封堵密实,无脱落	
400 V 送电	操作 400 V 设备,对柜体送电	环控柜对应 400 V 开关柜抽屉送电,环控柜负载及进线开关送电,BAS 控制电源送电,对软启动器送电,电压显示正常	
双电源切换装置	对双切电源切换装置进行功能测试(注:测试三次)	①主备用电源能相互投切,面板指示灯显示正确,双切面板两路电源指示灯亮(主用电源绿色、备用电源红色),主用电源投入指示灯亮 ②机械机构无卡位现象	
风机、风阀	对大小系统风机、风阀进行运行测试	按正常模式启动大小系统风机、风阀,风机、风阀运行与模式一致(运行电流数值小于额定功率数值的 2 倍)	
备用抽屉	对备用抽屉功能测试	将备用抽屉放入主用抽屉,实现 BAS 和环控位开启关闭功能	
柜体补漆	检查柜体漆面情况	柜体漆面完好	

项 目	步 骤	标 准	周 期
显示屏、PLC	查看显示屏和PLC	显示屏正常显示设备状态信息,PLC CPU RUN 灯点亮,网关和 PLC 控制器面板指示灯显示正常	每半年
设备状态	对设备状态进行检查	检查设备恢复至正常状态	

（2）EPS 事故照明装置

其检修项目表如表 3-20 所示。

表 3-20　EPS 事故照明装置检修项目表

项 目	步 骤	标 准	周 期
400 V 断电	对 400 V 设备进行断电操作	①断开 EPS 各开关 ②EPS 对应 400 V 开关柜柜体断电,进线开关停电,柜体进线端三相电压为 0	每半年
柜体卫生	检查柜体环境,对柜体灰尘进行擦扫	柜体卫生良好、无垃圾、无明显灰尘	
柜内元器件	检查柜体内各元器件及风扇	①柜内各元器件工作正常,元器件无破损,绝缘结构和通电部位无烧灼、焦黑现象 ②风扇运转正常,无卡滞现象	
柜内接线	检查柜体接线	①接线端子和端子排处无烧灼、焦黑现象 ②二次接线无松动,接线线码数字清晰	
电容器、熔断器	检查电容器、熔断器	电容器和熔断器无变形、无烧损	
孔洞封堵	检查柜内孔洞封堵	封堵密实、无脱落	
双切检查	对双电源切换装置进行检查及测试	①手动操作时,双电源切换装置机械机构操作灵活,无卡阻现象（注:严禁通电情况下手动操作） ②双电源切换装置主回路触点无烧灼碳化痕迹,动静触头表面清洁 ③控制器内部无烧灼、无焦黑 ④各接线端子无松动 ⑤整流模块及电磁线圈外观无烧灼、破损	
蓄电池	蓄电池检查	①电池无变形鼓包、无裂纹、无漏液或结晶现象 ②电池端子保护盖完好,无丢失	
400 V 送电	操作 400 V 设备,对柜体送电	①合闸对应 400 V 开关柜抽屉,柜体上电正常,无跳闸现象 ②400 V 柜开关合闸后,逐级对 EPS 内各断路器送电	

续表

项 目	步 骤	标 准	周 期
双切测试	对双切电源进行测试(测试三次)	①主备用电源能相互投切,面板指示灯显示正确,双切面板两路电源指示灯亮(主用电源绿色、备用电源红色),主用电源投入指示灯亮 ②机械机构无卡位现象	每半年
逆变测试	对 EPS 逆变功能进行测试	市电输入缺失逆变正常	
旁路测试	对旁路功能进行测试	手动旁路功能可以实现	
市电、电池组电压参数	测量并查看市电电压、电池组电压参数	①测量市电电压与显示屏电压是否一致 ②查看单节电池电压显示正常(12.0 ~ 14.0 V)	
蓄电池	对蓄电池进行放电测试	放电 90 min,每隔 30 min 记录单节电池电压、电池组电压、放电电流及逆变输出电压,更换放电电压低于 11.0 V 电池,满载测试时,单节电池电压应在 12.0 V 左右	
柜体补漆	检查柜体漆面	柜体漆面完好	
设备状态	检查设备状态	BAS 界面电压电流显示正常(市电三相电压在规定范围),工作状态监控点显示正常,无报警信息	

(3)照明配电箱(柜)

其检修项目表如表 3-21 所示。

表 3-21　照明配电箱检修项目表

项 目	步 骤	标 准	周 期
400 V 断电	断电	照明配电箱负载及进线开关停电;断开 0.4 kV 相应电源开关;柜体不带电	每半年
柜体卫生	箱(柜)体环境	柜体卫生良好,无明显灰尘	
孔洞封堵	箱(柜)内孔洞封堵	封堵密实,无脱落	
一、二次回路接线检查	柜体元器件、一次和二次接线	元器件固定牢固、无破损,绝缘结构和通电部位无烧灼、焦黑现象;一次、二次接线电缆绝缘层外观无破损;接线端子和端子排处无烧灼、焦黑、松动、脱落现象	
断路器测试	断路器功能测试	测试带漏电保护功能的断路器,功能正常	

项 目	步 骤	标 准	周 期
双切测试	双电源切换装置	①手动操作时,双电源切换装置机械机构操作灵活,无卡阻现象(注意事项:严禁通电情况下手动操作); ②双电源切换装置主回路触点无烧灼碳化痕迹,动静触头表面清洁; ③控制器内部无烧灼、焦黑; ④接线无松动;整流模块及电磁线圈外观无烧灼、破损	每半年
400 V 送电	箱(柜)体送电	合闸对应 400 V 开关柜抽屉,柜体开关及负载上电,无跳闸现象	
双切测试	双切电源测试	主备用电源能相互投切,面板指示灯显示正确,双切面板两路电源指示灯亮(主用电源绿色、备用电源红色),主用电源投入(绿灯亮);机械机构无卡位现象	
接触器测试	接触器功能测试	将转换开关转至"就地"位,通过分闸、合闸按钮测试接触器电气性能良好、无异响	
就地测试	就地功能测试	就地合闸、分闸正常,指示灯显示正常	
转换开关测试	"电源"转换开关功能测试	①"电源"转换开关处于投入位置时,二次控制电源有电; ②"电源"转换开关处于切除位置时,二次控制电源无电	
设备状态检查	作业完成后检查设备状态	恢复至正常状态	

复习思考题

1. 地铁根据用电设备的不同用途和重要性,车站动力负荷主要分为哪几类?
2. 地铁根据各场所照明负荷的重要性,车站照明负荷主要分为哪几类?
3. 接触器的作用是什么?
4. 通风空调电控柜主要供电及控制设备有哪些?
5. ASCO 双电源切换装置的手动测试方法是什么?
6. 隔离开关的主要结构有哪些?
7. 对于串联电路、并联电路而言,请阐述电流、电压、电阻之间的关系,并画出相关示意图？

    8. 整流是什么？

    9. 自动空气开关的一般选用原则？

    10. 什么是相电压、相电流、线电压、线电流？

项目4 中级工理论知识及实操技能

任务 4.1 环控系统

4.1.1 冷机电气原理

电气控制主要包括主回路和控制回路两部分。其中,控制回路采用先进的 PLC 微电脑控制器。通过模拟量和数字量的输入输出,微电脑控制板可对机组的运行进行精确控制和完善保护。如图 4-1 所示,为冷机控制回路实物图。

其控制系统采用直接数字控制(DDC),操作简单,通过键盘和菜单驱动软件,将机组的运行工况、控制设定值及报警情况记录在显示屏上。配有中文显示的大屏幕 LCD 显示触摸屏,显示界面友好、直观。

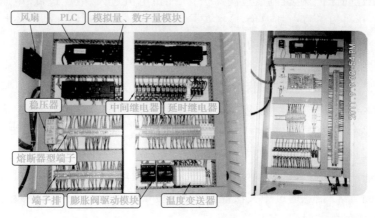

图 4-1 冷机控制回路实物图

冷机主回路是给动力负载压缩机等供电的设备,它一般是由负荷开关、断路器、接触器、热继电器等元件组成的回路。其实物图如图 4-2 所示。

其中,负荷开关用于隔离电源,断路器用来对连接的负载起短路和过载保护,接触器用以分断和接通电源与负载间的电路,热继电器对负载(压缩机电机)起到过载保护的作用,以上元件共同组成设备的主回路,以确保动力设备的正常运行。

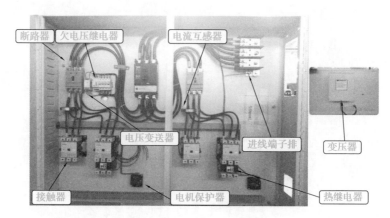

图 4-2　冷机主回路实物图

冷机控制具有如下功能：

1）安全保护与监控装置

机组配备配电控制柜、传感器、执行器。配电控制柜配备先进的 PLC 电脑控制装置和软件系统，配备大屏幕中文液晶触摸显示用户界面。

机组具有强大而完善的安全自保护、监控、自诊断、自调节和通信功能，具有完善的接地装置，需要检查、调节、操作或维护的电气设备和控制元件集中固定安装在控制柜内，并接地保护，机组运行时使用人员可能触及的无绝缘金属部件与接地线连接。

2）安全保护功能

机组具有各种自动保护功能，包括：吸气压力过低保护，排气压力过高保护；油位过低保护，油温过高保护；电机温度过高保护；压缩机电流过大、电压过低、电压过高、缺相和短路保护；防止机组重复启动保护；防冻保护；压缩机故障停机；冷冻水、冷却水不流动停机；过小负荷停机；防止新循环启动计时功能；等等。

3）安全监控功能

通过机组配备的电脑控制和相应软件，及其中文液晶显示屏，能显示机组运行参数，包括冷冻水和冷却水进出水温度、蒸发压力、冷凝压力等、显示每台压缩机累计运行时间；同时通过显示屏，能显示、控制机组的运行状态。

4）故障诊断功能

机组启动前，能够自动快速地检测、断定各项启动条件是否具备；机组运行中，自动进行故障诊断，诊断信息通过中文液晶显示屏显示；机组能记录和保存最后 20 个故障的情况，包括故障发生的时间、名称等。

4.1.2　群控系统

冷水机组群控系统作用是，用来对冷水机房内的冷却水和冷冻水流量、压力、温度等工艺参数及设备状态进行采集，对主要设备进行控制，并实现与 BAS 系统网络通信。冷水机组群控系统由 PLC 控制柜、冷冻水泵控制柜、冷却水泵控制柜、冷却水塔控制柜和网络设备组成。

1）控制范围及主要受控设备

空调冷水群控系统控制范围包括：必要参数状态显示、设备状态及控制，以及整个制冷系统协调、稳定、可靠、经济工作所需的全部功能。

主要受控设备如下：冷水机组、冷冻水泵、电动阀门（包括冷水机房内电动蝶阀和冷却塔电动蝶阀，组合式空调箱和柜式空调器的电动二通调节阀由 BAS 控制）、冷却水泵、冷却塔。

2）控制方式

空调冷水系统受中央级、车站级、就地级三级控制，就地级控制具有优先权。

"中央级控制""车站级控制"对群控系统来说属于"远方"控制，群控系统接收 BAS 系统发来的启停控制信号，完成冷水机组的启停，完成冷却泵、冷却塔、冷冻泵的联动连锁。确保在不同运行工况时，对空调冷水系统的运行状态作控制和显示。正常工况下，显示空调冷水系统运行状态和工艺参数；事故工况下，根据要求对冷水机组、冷冻水泵、冷却水泵、冷却塔、阀门等工艺设备进行开/关控制。

"就地级控制"在冷水机房群控系统控制柜处进行操作，供设备安装、调试、检修时在现场使用。就地级控制分为手动、自动两种控制方式。手动控制由冷水机组、冷冻水泵、冷却水泵、冷却塔控制柜实现；自动控制由群控系统 PLC 实现。

群控系统通过对冷水机组、冷冻水泵、冷却水泵、冷却塔、系统管路调节阀进行控制，使空调冷水系统在任何负荷情况下都能达到设计参数并以最可靠的工况运行，保证空调的使用效果。

（1）控制与调节

①启动冷机运行

a. 当群控 PLC 接到冷机启动命令时，群控 PLC 应判断目前所有冷水机组的状态，应先启动处于可控状态中的机组且累计运行时间最短的那一台机组，判断条件的优先级从大到小为：机组处于远程控制方式，累计运行时间最短；

b. 群控 PLC 向机组发出启动命令后，延时 5 min（通过人机界面可调）判断其是否运行，若未运行，则发"机组启动失败"故障报警，并启动下一台机组；

c. 机组累计运行时间以小时计算，1~3 号压缩机累计运行时间最大值作为机组累积运行时间；

d. 机组运行状态判断依据为 1~3 号压缩机至少有一台运行，则表示机组已运行；1~3 号压缩机均停机，且未处于待机状态，则表示机组已停机。

②关闭冷机的运行

当群控 PLC 接到冷站关机命令（"远方"方式下由 BAS 系统发出，"就地"方式下由运行人员通过群控 PLC 柜人机界面发出）时，同时关闭所有的冷站的机组，包括处于待机状态的机组。

③冷机加载运行

当目前已运行（目标容量大于0）的机组全部达到满载状态（目标容量不小于99%）并保持 5 min（通过人机界面可调），且当前冷冻水总管路上的出水温度大于目标出水温度（通过人机界面设定）超过一定值（2 ℃），需增加一台机组运行，即启动下一台冷水机组，机组启动运行后,将所有已经运行的机组的目标容量改为60%。机组启动前的其他判断条件与启动第一台机组的条件相同。

④冷机减载运行

当冷冻水总管路上的出水温度小于等于目标出水温度,且已经运行的机组(多台)的目标容量同时小于一定数值(有3台机组同时运行时,对应50%,2台对应45%)并保持5min(通过人机界面可调),需减少一台机组运行,即关闭累积运行时间最长的那一台机组或关闭全部压缩机已经停机的待机状态的机组,同时将正在运行机组的目标负荷改为99%。

⑤冷水机组控制与调节

a.冷水机组运行控制:

开启相关水管电动蝶阀→开启冷却水泵→开启冷却水塔风机→开启冷冻水泵→开启冷水机组;

关停冷水机组→关停冷却水塔风机→关停冷却水泵→延时关停冷冻水泵→关闭相关水管电动蝶阀。

b.冷水机组、冷却水泵、冷冻水泵、冷却塔风机、电动蝶阀等工艺设备启停控制。

c.冷水机组冷冻水出水温度控制。

d.冷水机组压缩机和节流装置的调节。

e.单机及附属设备的程序控制。

f.防反复起动逻辑、电流负荷限制等功能。

g.自适应控制功能:机组的自适应控制应在系统的任一参数变化到极限而有可能损坏机器或因此引起停机的情况下能够起动保护机组的作用功能,而且机组的控制模块能够进行修正,以确保机组运转。机组设定的基本设置参数和控制参数具有防丢失功能。

h.能根据系统负荷的大小,自动实现冷水机组的各压缩机起停控制,并配合群控PLC进行增/减机控制,从而达到节能的目的。控策略有利于降低设备投入、退出运行的次数,提高设备利用效率,延长机组寿命。

i.对于采用一次泵变流量系统,冷水机组通过变频调节冷冻水泵运行速度,实现变流量调节控制达到节能目的。对于采用定流量系统,冷水机组具有升级控制软件的功能,将来可将冷水机组升级为一次泵变量系统后,实现一次泵变流量系统运行的控制要求。

j.冷冻水压差控制:群控PLC根据检测到的冷冻水供回水压差,自动调节旁通调节阀,维持供水压差恒定。具体要求为:需在一定条件下(冷冻水总管路的压差升高到一定数值),尽快调节压差旁通阀的开度,以让该压差达到一个预先设定的数值。

k.调节原则:如果压差偏大,应将阀门开大以减小压差;反之应将阀门关小增大压差直至阀门全关。

l.所有过程中应将阀门开度的百分数实时写入各冷水机组PLC控制器。并将压差值实时写入各冷水机组PLC控制器,用于机组控制水泵变频器的参考变量。

(2)保护与报警

①冷水机组各类故障汇总如表4-1所示。

表 4-1 冷水机组各类故障汇总表

信号名称	对应故障
冷水机组冷冻水断流报警	均为系统故障,即任一故障发生就会停止冷水机组
冷水机组电源电压过高报警	
冷水机组电源电压过低报警	
冷水机组吸气压力过低报警	
冷水机组吸排气压差过低报警	
冷水机组排气压力过高报警	
冷水机组吸气压力传感器故障报警	
冷水机组排气压力传感器故障报警	
冷水机组冷冻水出水温度传感器故障	
冷水机组出水温度防冻保护报警	
冷冻水泵故障	
冷水机组压缩机低油位报警	压缩机停机故障(每台压缩机一套)
冷水机组压缩机不运行报警	
冷水机组压缩机不停机报警	
冷水机组压缩机运行电流过载报警	
冷水机组压缩机热继电器过载	
冷水机组压缩机油温过高	
冷水机组压缩机电机过热	
冷水机组冷冻水进水温度传感器故障	均为报警指示,即只显示报警提示,不会导致冷水机组停机
冷水机组冷却水出水温度传感器故障	
冷水机组冷却水进水温度传感器故障	
冷却水泵故障	
冷却塔风机故障	
冷冻水水阀故障	
冷却水水阀故障	
冷却塔水阀故障	

②水泵、风机、电动蝶阀等电动机异常保护。

③上述故障均在群控管理系统进行记录与报警,且故障信息能够上传至环境与设备监控系统。

4.1.3 风机与风阀控制原理

1）风机控制原理

风机电动机接线盒内六个接线端子通过连接片可改变接线方式，可适用两种不同电压的需要。其线端标志为 U1、U2、V1、V2、W1、W2，接线方法按铭牌上电压而定，△接线方法如图4-3所示。

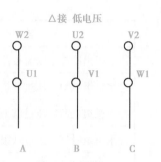

△接 低电压

图4-3 风机电动机接线盒内接线图

多速电动机的接线方法见接线盒内接线指示图，典型接法如下：

①对 2Y/△ 接法单绕组双速电机，其接线应按图4-4所示。

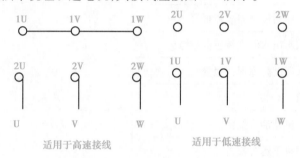

适用于高速接线　　　　　　适用于低速接线

图4-4 2Y/△接法单绕组双速电机接线图

②对 2Y/Y 接法单绕组双速电机，其接线应按图4-5所示。

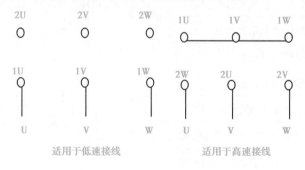

适用于低速接线　　　　　　适用于高速接线

图4-5 2Y/Y 接法单绕组双速电机接线图

③对双绕组双速电机，其接线应按图4-6所示。

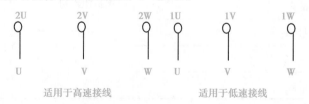

适用于高速接线　　　　　　适用于低速接线

图4-6 双绕组双速电机接线图

对设有定子绕组测温及加热器的电机，其引出线可在主接线盒内，也可设单独接线盒，引出线接线示意图如图4-7所示。

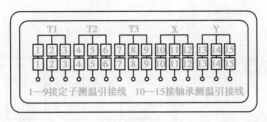

接线指示图

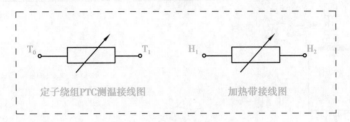

图 4-7　定子绕组测温及加热器接线图

温度仪表端子接线图如图 4-8 所示。

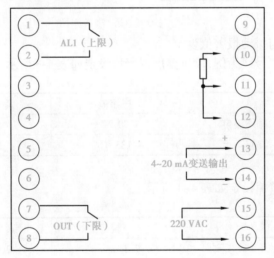

图 4-8　温度仪表端子接线图

①仪表端子接线盒尺寸:96 mm×96 mm×100 mm

②仪表端子说明如表 4-2 所示。

表 4-2　仪表端子说明

序号	输入和输出信号	仪表端子
1	220 VAC(电源)	15、16
2	Pt100 输入	端子 10、11、12
3	4～20 mA 输出	13+、14-
4	上限(报警)	1、2
5	下限(报警)	7、8

③振动表接线图如图 4-9 所示。

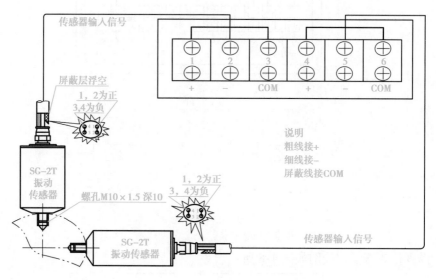

图 4-9　振动表接线图

④风机温度与振动报警值设定

以西安地铁二号线为例,风机温度报警值设定如表 4-3 所示。

表 4-3　风机温度报警设定值

	报警值	紧急停机值
轴承温度	90 ℃	95 ℃
绕组温度	135 ℃	145 ℃

风机振动报警值设定如表 4-4 所示。

表 4-4　风机振动设定值

	报警值	紧急停机值
轴承水平振动	7.1 mm/s	9.0 mm/s
绕组垂直振动	7.1 mm/s	9.0 mm/s

2)风阀控制原理

(1)组合式风阀(DM)控制箱

DM 风阀控制箱是风阀就地操作控制设备,配合通风空调电控柜 DM 风阀回路功能单元,完成电动组合风阀的开、关、保护、故障报警等监控功能。

控制箱内设置有由继电器组成的控制回路,箱门上设有"手动、自动"方式选择开关,开启、关闭按钮,全开、全关指示灯。"自动"方式时,由通风空调电控柜完成控制操作;"手动"方式时,通过控制箱上的操作按钮进行开、关风阀操作,该方式主要用于设备维护和调试时使用,"手动"方式优先。

(2)电动调节阀(DZ)控制箱

DZ 风阀控制箱是风阀现地操作控制设备,配合通风空调电控柜 DZ 风阀回路功能单元,完成 DZ 风阀的开、关、保护、故障报警等监控功能。控制箱内设置有由熔断器、DC10 V

稳压电源、开度数显仪、继电器组成的控制回路,箱门上设有"手动、自动"方式选择开关,开启、关闭按钮,全开、全关指示灯,电源指示灯,开度显示仪表。"自动"方式时,由通风空调电控柜完成控制操作;"手动"方式时,通过控制箱上的操作按钮进行开、关风阀操作,该方式主要用于设备维护和调试时使用。"手动"方式优先。

控制箱具有风阀开启角度设定功能:该类风阀的开启角度需根据风量平衡要求现场整定,整定方法为:设置控制箱上的开度数显仪的上越限参数,风阀达到设定开度时,数显仪越限输出触点动作,即发出"全开"位置信号,设定完成后并能锁定风阀的开启角度,即每次开启时只能达到设定开度。设定的参数会自动保存在数显仪的 EPROM 中,不因掉电而丢失。

DZ 控制箱还具有紧急全开度开启功能:在消防工况下,能屏蔽设定的开启角度,而达到全角度开度。

(3)电动多叶调节阀(DT)控制箱

DT 风阀控制箱是风阀现地操作控制设备,配合通风空调电控柜 DT 风阀回路功能单元,完成 DT 风阀的开、关、保护、故障报警等监控功能。控制箱内设置有由熔断器、阀门定位器、开度数显仪、继电器组成的控制回路,箱门上设有"手动、自动"方式选择开关,开度调节旋钮,电源指示灯,开度显示仪表。

4.1.4　空调循环水泵控制原理

空调循环水泵手动控制由冷冻水泵、冷却水泵控制柜实现;自动控制由群控系统 PLC 实现。

冷却水泵接线如图 4-10 所示,冷冻水泵接线如图 4-11 所示。

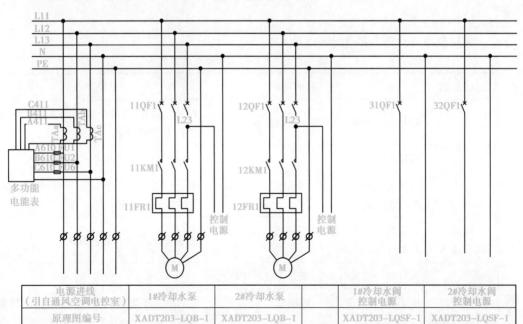

电源进线 (引自通风空调电控室)	1#冷却水泵	2#冷却水泵	1#冷却水阀 控制电源	2#冷却水阀 控制电源
原理图编号	XADT203-LQB-I	XADT203-LQB-I	XADT203-LQSF-I	XADT203-LQSF-I

图 4-10　冷却水泵接线图

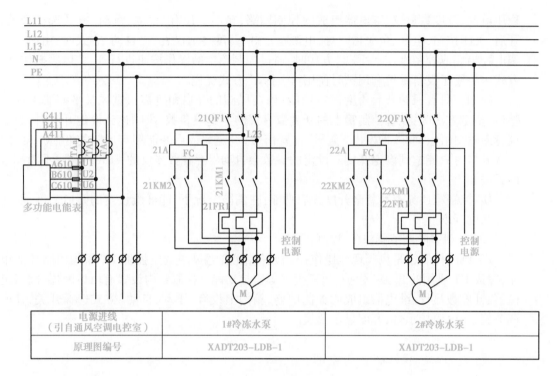

电源进线 （引自通风空调电控室）	1#冷冻水泵	2#冷冻水泵
原理图编号	XADT203-LDB-1	XADT203-LDB-1

图 4-11　冷冻水泵接线图

4.1.5　环控系统重点设备故障检查及处理

1）风机
常见故障及处理方法如表 4-5 所示。

表 4-5　风机常见故障及处理方法

故障现象	故障原因	处理方法
风机叶轮损坏 或变形	叶片表面或铆钉、螺栓头腐蚀或磨损	如为个别损坏,可个别更换零件,如损坏过半,应更换叶轮
	铆钉和叶片松动	可用小冲子紧固,如无效可更换铆钉
	叶轮变形后歪斜过大,使叶轮径向跳动或断面跳动过大	卸下叶轮后,用铁锤矫正,或将叶轮平放,压轴盘某侧边缘
风机 机壳过热	在风机进风阀或出口阀关闭情况下运转时间过长	先停风机,待冷却后再开机
电机密封 圈磨损或损坏	密封圈与轴套不同心,在正常运转中磨损	先消除外部影响因素,然后更换密封圈,重新调整和校正密封圈的位置
	机壳变形,使密封圈一侧磨损	
	叶轮振动过大,其径向振幅之半大于密封径向间隙	

故障现象	故障原因	处理方法
传动皮带滑下或跳动	两皮带轮位置没有找正,彼此不在一平面上	重新调整皮带轮
	两皮带轮距离较近,而皮带又过长	调整皮带的松紧度,其方法为:调整皮带轮间距或更换皮带

2)冷却塔

常见故障及处理方法如表 4-6 所示。

表 4-6　冷却塔常见故障及处理方法

故障现象	故障原因	处理方法
冷却塔异常噪声及振动	风机平衡性差	校正平衡
	叶片末端与塔体接触	调整叶片末端与塔体间隙
	锁紧螺丝松脱	拧紧松脱的螺丝
	电机轴承运行不好	加油脂或更换轴承
	管道振动	安装管道支承架
冷却塔异常噪声及振动	风机平衡性差	校正平衡
	叶片末端与塔体接触	调整叶片末端与塔体间隙
	锁紧螺丝松脱	拧紧松脱的螺丝
	电机轴承运行不好	加油脂或更换轴承
	管道振动	安装管道支承架

3)冷水机组

常见故障及处理方法如表 4-7 所示。

表 4-7　冷水机组常见故障及处理方法

故障现象	故障原因	处理方法
冷机排气压力高	冷却水温度过高	参考冷却水温度过高处理方法
	管路上的阀门问题	检查阀门是否开启到位,有无损坏
	水泵问题	检查水泵是否开启,有无损坏
	管路堵塞	检查管路是否堵塞
冷机吸气压力低	冷冻水泵问题	冷冻水泵未启动
	冷冻水管问题	冷冻水管堵塞
	管路上的问题	管路上蝶阀未开启
	压缩机卸载阀不能正常卸载	检查并修复

4）空调机组

常见故障及处理方法如表4-8所示。

表4-8　空调机组常见故障及处理方法

故障现象	故障原因	处理方法
不能起动	电源未接	检查连接线等是否断开,校准接线
	定子绕组故障	检查绕组是否短路或开路
	负载过大或设备被卡死	选择大一挡电机或减轻负荷;如果传动设备卡死,消除故障
	接错线	校准接线
带负载运行转速低	电源电压过低	检查电动机接线柱电压
	负载过大	选择大一挡电机或减轻负荷

任务 4.2　给排水系统

4.2.1　潜污泵、消防泵、管道电伴热系统常见故障及处理方法

1）型号意义、应用范围、叶轮形式

①型号意义

水泵型号意义如图4-12所示。

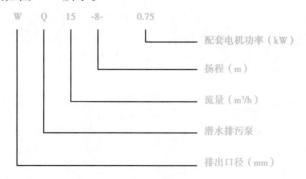

图 4-12　水泵型号意义

②应用范围

排污分工业排污和市政排污,工业排污的介质包括一般污水、腐蚀性污水、磨蚀性污水、有毒及易燃易爆的污水,这部分介质对泵的结构材质及电机要求比较高;市政排污主要指生活污水和经过初步处理过的工业污水。

输送污水的泵分为干式排污泵（WL、YW、YWP 型等）及湿式排污泵（WQ、WQP、WQG、WQZ 等）。

③叶轮形式

污水泵叶轮主要分为单叶片、半开式、旋流式、螺旋离心式、单流道式、双流道式、三叶片和多叶片式等。

抗堵塞性能方面：半开式、旋流式、螺旋离心式叶轮好于其他形式叶轮。

高效性方面：单流道式、双流道式、三叶片和多叶片式叶轮好于其他形式叶轮。

叶轮加工方面：双流道式、三叶片和多叶片式叶轮好于其他形式叶轮。

叶轮静平衡方面：三叶片和多叶片式叶轮最好，双流道式次之。

2）结构说明

水泵是由潜水电机部件和水力专用件两部分组成。

①潜水电机部件

电机：电机为 F 级绝缘，最高工作温度为 155 ℃，有效的密封使电机防护等级为 IPX8。

轴承：优质的轴承配置能够延长泵的使用寿命。

冷却水套：内装的冷却系统，不论电机是在液面上还是在液面下，均能使泵正常工作。抽送液体的一部分从泵体循环至冷却筒和机壳之间带走电机产生的热量。需要外部冷却时，冷却套可与泵体隔开，并与单独的冷却系统相连。

连接座：连接座中机油可润滑并冷却机械密封，并能阻止液体渗透至电机部分。

机械密封：机械密封串联相互独立工作。使电机与泵密封地隔开，为电机提供双重保护。

轴：泵与电机同轴，轴端密封装置，使轴不与抽送介质相接触，保护轴不受腐蚀。转轴悬伸设计得尽量短，降低转轴的挠度，并减小振动，延长机械密封和轴承的使用寿命，降低运行噪声。

其他主要零件：接线座、电机上端盖、电机壳、泵轴。

②水力专用件

叶轮：经过优化设计，以其最佳的流量和速度最大效率输送液体使不产生堵塞。每一个工况点都有相适应的叶轮可供选择。根据抽送的介质，有单流道、双流道、三叶片叶轮可供选择。

泵体：采用 CAD/CAM 技术，使泵体具有最高的效率和最小的磨损。

③泵的监控系统

定子内嵌有三个串联的热控开关。常温时为"常闭"状态，当定子温度达到 125 ℃时，开关打开。电机上端盖内的上浮子开关，当产生泄漏时，会自动报警并停泵。连接座内的下浮子开关，电机侧机械密封泄漏、液体进入浮子开关室、渗入液体达到一定高度时，会发出报警信号（显示灯亮）并停泵，维修人员应进行检查并更换电机侧机械密封。

3）结构图

①WQ 潜水排污泵结构图(7.5 kW 以上)如图 4-13 所示。

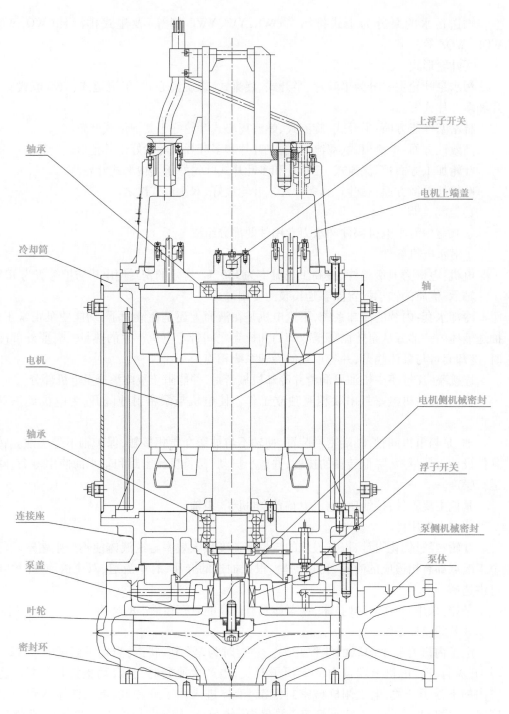

轴承

冷却筒

电机

轴承

连接座

泵盖

叶轮

密封环

上浮子开关

电机上端盖

轴

电机侧机械密封

浮子开关

泵侧机械密封

泵体

图 4-13　WQ 潜污泵结构图(7.5 kW 以上)

②WQ 潜水排污泵结构图(7.5 kW 以下)如图 4-14 所示。

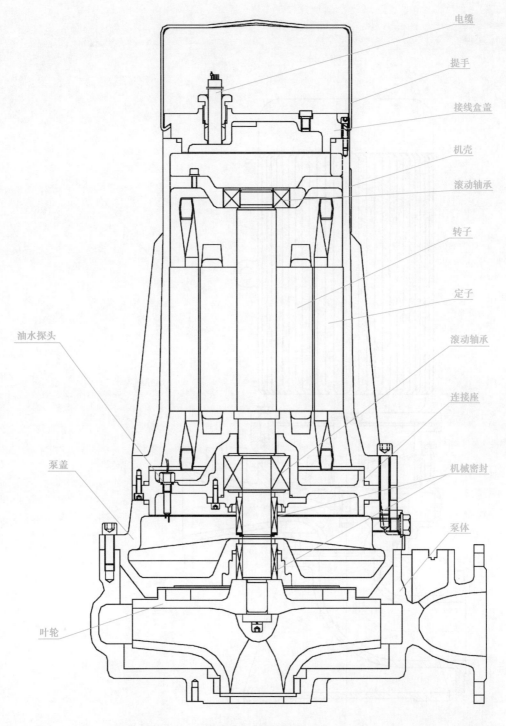

电缆

提手

接线盒盖

机壳

滚动轴承

转子

定子

滚动轴承

连接座

机械密封

泵体

油水探头

泵盖

叶轮

图 4-14 WQ 潜污泵结构图(7.5 kW 以下)

③WL(Ⅰ)立式排污泵结构图(电机轴加长型)如图4-15所示。

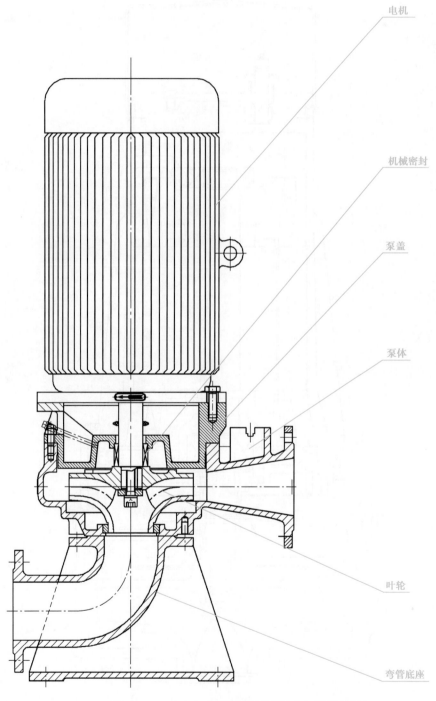

电机

机械密封

泵盖

泵体

叶轮

弯管底座

图 4-15　WL(Ⅰ)立式排污泵结构图(电机轴加长型)

④WL(Ⅱ)立式排污泵结构图(带联轴器型)如图 4-16 所示。

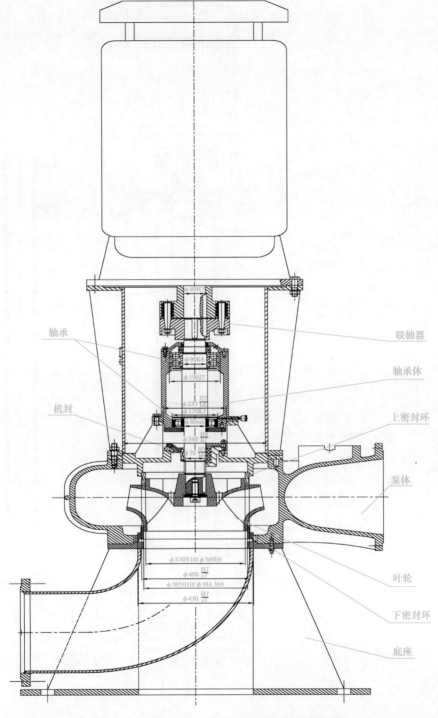

图 4-16　WL(Ⅱ)立式排污泵结构图(带联轴器型)

⑤YW 液下排污泵结构图如图4-17 所示。

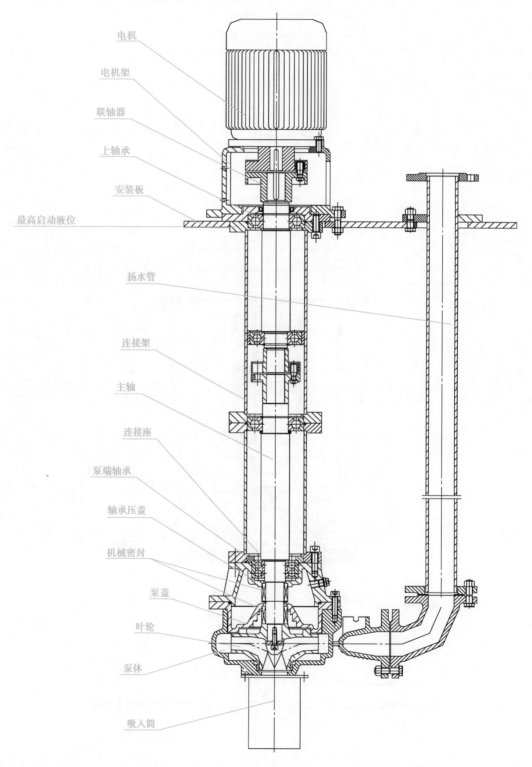

电机
电机架
联轴器
上轴承
安装板
最高启动液位
扬水管
连接架
主轴
连接座
泵端轴承
轴承压盖
机械密封
泵盖
叶轮
泵体
吸入筒

图 4-17　YW 液下排污泵结构图

4.2.2 阀门

1）阀门及其分类

阀门是流体输送系统中的控制部件，具有截断、调节、导流、防止逆流、稳压、分流或溢流泄压等功能。其用途及作用分类如表4-9所示。

表4-9 阀门用途及作用分类

种　类	用　途
截断阀类	主要用于截断或接通介质流,包括闸阀、截止阀、隔膜阀、旋塞阀、球阀、蝶阀等
调节阀类	主要用于调节介质的流量、压力等,包括调节阀、节流阀、减压阀等
止回阀类	用于阻止介质倒流,包括各种结构的止回阀
分流阀类	用于分配、分离或混合介质,包括各种结构的分配阀和疏水阀等
安全阀类	用于超压安全保护,包括各种类型的安全阀

2）地铁线路中常用阀门

①闸阀

闸阀是作为截止介质使用,在全开时整个流通直通,此时介质运行的压力损失最小。闸阀通常适用于不需要经常启闭,而且保持闸板全开或全闭的工况。不适用于作为调节或节流使用。对于高速流动的介质,闸板在局部开启状况下可以引起闸门的振动,而振动又可能损伤闸板和阀座的密封面,而节流会使闸板遭受介质的冲蚀。

②截止阀

截止阀是用于截断介质流动的,截止阀的阀杆轴线与阀座密封面垂直,通过带动阀芯的上下升降进行开断。截止阀一旦处于开启状态,它的阀座和阀瓣密封面之间就不再有接触,并具有非常可靠的切断动作,因而它的密封面机械磨损较小。由于大部分截止阀的阀座和阀瓣比较容易修理,更换密封元件时无须把整个阀门从管线上拆下来,因此截止阀更适用于阀门和管线焊接成一体的场合。

③止回阀

止回阀是一种不需要人为操作的自动启闭式阀门,它依靠管道介质本身的流动自行打开或关闭,主要用来防止管道介质的倒向流动。当介质按照指定方向流入,流动压力超过止回阀开启压力时,阀瓣在流体压力作用下被顶开,从而接通管道。反之,当管道介质倒向回流时,在流体压力推动下,阀瓣被压在止回阀阀体上,此时阀门被关闭,从而切断管道介质流通。且倒流介质压力越大,阀瓣关闭得越紧,密封效果越好。

④蝶阀

蝶阀的蝶板安装于管道的直径方向,在蝶阀阀体圆柱形通道内,圆盘形蝶板绕着轴线旋转,旋转角度为0°～90°,旋转到90°时,阀门为全开状态。蝶阀结构简单、体积小、质量小,只由少数几个零件组成,而且只需旋转90°即可快速启闭,操作简单。蝶阀处于完全开启位置时,蝶板厚度是介质流经阀体时唯一的阻力,因此通过该阀门所产生的阻力很小,故具有较好的流量控制特性,可以作调节用。

⑤球阀

球阀是由旋塞阀演变而来。它具有相同的旋转90°的动作,不同的是旋塞体是球体,有圆形通孔或通道通过其轴线。当球旋转90°时,在进、出口处应全部呈现球面,从而截断流动。

⑥安全阀

安全阀的作用原理基于力平衡,一旦阀瓣所受压力大于弹簧设定压力时,阀瓣就会被此压力推开,其压力容器内的气(液)体会被排出,以降低该压力容器内的压力。

⑦调节阀

调节阀是靠改变阀门阀瓣与阀座间的流通面积,达到调节压力、流量等参数的目的的。

4.2.3 给排水设备接口专业技术要求

1)主要设备

给排水系统中消防给水需与 FAS 及气灭系统存在火灾报警联动接口,各水泵、电动蝶阀及管道电伴热系统需与综合监控的 BAS 系统存在设备监控接口。

2)控制方式

给排水系统的控制分为三个等级:中央级、车站级(环控级)、就地级。

中央级是由地铁自动化综合监控系统对地铁给排水系统的全局监控,通过对 BAS 系统下达指令来对给排水系统进行监控,其控制权限最低。

车站级控制又叫 BAS 级控制,是通过设立在各站的 BAS 系统与设备的控制柜。

就地级控制是所有控制级别中权限最高的控制方式,它是通过对设备控制箱的直接操作来达到控制设备的目的。就地级操作是设备检修时必须使用的操作方式,也是最重要的应急操作方式。

4.2.4 给排水系统故障检查及处理

1)潜污泵

潜污泵常见故障及处理方法如表4-10 所示。

表 4-10　潜污泵常见故障及处理方法

故障现象	故障原因	处理方法
流量或扬程下降	泵反转	关掉控制柜的总电源,调换任何二相电源线
	装置扬程与额定扬程不符	重新计算装置扬程以确定水泵型号

故障现象	故障原因	处理方法
流量或扬程下降	抽吸的介质走旁路	调整输水管路
	出水管泄漏	进行修正
	出水管局部可能被沉积物堵死	清理或更换新的
	水泵流道堵塞	清理流道,如果水泵放在滤网内,同样需要检查和清理
	叶轮,密封环磨损	按叶轮口环实际尺寸配密封环
无流量	气塞	1. 连续地打开和关闭阀门几次
		2. 启动/停止泵几次,每次重新启动间隔时间不少于 10 min
		3. 根据不同的安装方法,检查是否需要安装一个排气阀
	水阀门阻塞	1. 如果阀门处于关闭状态应打开
		2. 如果装反,应倒过来安装
	泵反转	关掉控制柜的总电源,调换任何二相电源线
运行有杂音或振动	安装系统基础强度不够或水泵安装不平	将基础加固,并将水泵固定
	轴承磨损	更换轴承
	叶轮松动或脱落	紧固叶轮
	叶轮有杂物缠绕或堵塞	清理流道
	叶轮部分被杂物打碎或磨损	更换叶轮
	叶轮口环与密封环磨擦	检查叶轮,校正转子轴平行度
水泵不能启动	无电源	通知低压配电专业
	电器失灵	更换故障电器
	绕组、接头或电缆断路	如果证明是断路,检查绕组、接线头和电缆
	水泵被堵塞	清除障碍物,复位前须试用
	压差液位控制仪故障	更换故障元件
	缺相	通知低压配电专业

故障现象	故障原因	处理方法
水泵运转中非正常停机	短路	更换熔丝或断路器,查找故障元件
	控制柜故障	进行修理或更换
	KB0 动作	更换过载或短路水泵电机
	长期超额定电流使用	检查水泵是否空载或过载,清理堵塞管路
	在机壳底座盖板区域堆积了泥浆或其他沉积物	清理水泵和污水池
水泵启停频繁或失灵	液位压差控制器设定范围过窄	使用编程器调整控制范围
	逆止阀故障,逆止阀不能止回,使液体倒流入污水池	维修或更换
	液位控制器故障	如需要应给予更换
水泵不吸水压力表指针在剧烈振动	注入水泵的水不够	再往水泵内注水或拧紧堵塞漏气处
	仪表或仪表漏气	更换仪表
水泵不吸水,真空表表示高度真空	底阀没有打开,或已淤塞	校正或更改底阀
	吸水管阻力太大,吸水管高度太大	清洗或更改吸水管,降低吸水高度
看压力表水泵出水有压力,然而水泵仍不出水	出水管阻力太大	清理水管
	旋转方向不对	关掉控制柜的总电源,调换任何二相电源线
	叶轮淤定塞	清理水泵叶轮
流量低于预计	水泵淤塞	清洗水泵及管子
	密封环磨损过多	更换密封环
水泵内部声音反常,水泵不上水	流量太大吸水管内阻力过大,吸水高度过大在吸水处有空气渗入,所输送的液体温度过高	增加出水管内的阻力以减低流量检查泵吸入管内阻力,关小底阀减小吸水高度,降低液体的温度
轴承过热	没有油	注油
	泵轴与电机轴不在一条中心线上	把轴中心对准
水泵振动	泵轴与电机轴不在一条中心线上	把水泵和电机的轴中心线对准
电流过大或偏小	管道、叶轮被堵	清理管道或叶轮的堵塞物

故障现象	故障原因	处理方法
水泵运行不正常、噪声振动异常	叶轮或转子不平衡	校平衡
	轴承磨损	更换
	转轴弯曲	更换
	泵轴与电机轴不同心	把泵和电机轴中心对准
	泵发生汽蚀	降低吸水高度,减少水头损失
绝缘电阻偏低	电缆线电源接线端渗漏	拧紧电缆接线喇叭
	电缆线破损	更换
	机械密封损坏	更换
	O形密封圈失效	更换
轴承发热	油室中无润滑油或润滑油不够、乳化	注油
	轴承磨损严重	更换轴承
	泵轴与电机轴不同心	把泵和电机轴中心对准

2) 卫生洁具

卫生洁具设备常见故障及处理方法如表4-11所示。

洗手间洁具
故障维修

表4-11　卫生洁具设备常见故障及处理方法

故障现象	故障原因	处理方法
感应器不出水	管路停水	告知站务或保洁人员已停水,并悬挂停水(或故障)指示牌
	电源故障	更换烧毁电路板;更换小便感应器电池
小便或大便池常流水	滤网堵塞	清洗或更换损坏滤网
	电磁阀不能自动恢复	更换损坏电磁阀
感应距离过短	感应距离未调好	拆开面板,手动调节感应器调节旋钮,一边调节一边用手测试距离
感应洁具无感应	失电	供电电路失电
	主板故障	更换烧毁电路板;更换小便感应器电池
脚踩阀长流水	弹簧损坏	拆开连接处螺丝,取出弹簧进行更换
	阀芯有异物卡阻	清洗阀体,或视情况进行更换

任务 4.3　低压配电系统

4.3.1　照明配电系统

车站照明配电室通过照明配电箱控制照明系统。配电箱是指按电气接线要求将开关设备、测量仪表、保护电器和辅助设备组装在封闭或半封闭金属柜中或屏幅上,构成的低压配电装置。正常运行时可借助手动或自动开关接通或分断电路。故障或不正常运行时借助保护电器切断电路或报警。通过测量仪表可显示运行中的各种参数,还可对某些电气参数进行调整,对偏离正常工作状态进行提示或发出信号。

配电箱中的低压电器,由熔断器、交流接触器、剩余电流动作保护器、电容器及计量表等组成。这些低压电器均按 GB1497《低压电器基本标准》进行设计和制造。如图 4-18 所示为照明配电箱实物图。

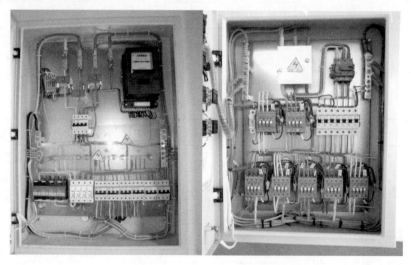

图 4-18　照明配电箱实物图

4.3.2　动力配电系统

为保证重要行车设备的正常运行,动力配电系统通常采用双电源切换装置供电,即双电源切换箱。

①组成结构

双电源切换箱结构如图 4-19 所示。

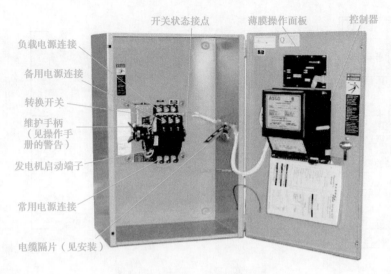

图 4-19 双电源切换箱结构图

②选型说明

双电源切换箱型号说明如图 4-20 所示。

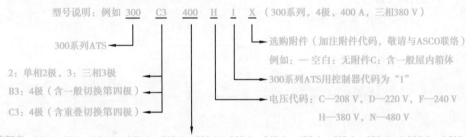

图 4-20 双电源切换箱型号说明

③双电源切换开关原理说明

a. 发电机启动端子

发电机启动端子如图 4-21 所示。

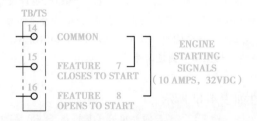

图 4-21 发电机启动端子图

TB 端子,14、15、16 为发电机启动端子。其中,端子 14 为共用端子;端子 15 为闭合,发电机启动;端子 16 为打开,发电机启动。

b. 开关辅助触点

开关辅助触点如图 4-22 所示。

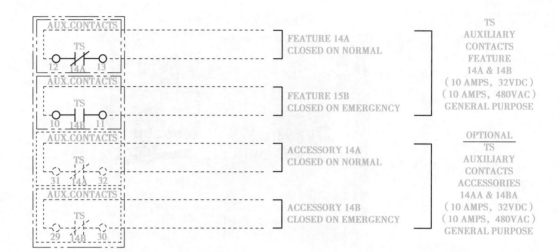

图 4-22 开关辅助触点图

注：CLOSED ON EMERGENCY：紧急侧时闭合；

CLOSED ON NORMAL：正常侧时闭合

c. 远程控制功能

远程控制如图 4-23 所示。

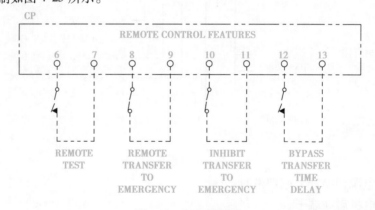

图 4-23 远程控制图

注：REMOTE TEST：远程测试，如果该点由闭合到断开保持，则即使紧急侧电源失效也不回切；REMOTE TRANSFER TO EMERGENCY：远程转换至紧急侧，转换至紧急侧后，若紧急侧电源失效同时正常侧电源有效，则开关回切至正常侧；INHIBIT TRANSFER TO EMERGENCY：禁止转换至紧急侧；BYPASS TRANSFER TIME DELAY：回切至正常侧延时旁路。

d. 特性表

双电源开关特性如表 4-12 所示。

表 4-12　双电源切换开关特性表（A300 系列）

型号规格	ASCO A300 系列
符合标准	IEC60947-6-1、IEC60947-2、IEC60947-3、GB/T 14048.11-2002
电气级别	PC 级

型号规格	ASCO A300 系列
使用类别	AC-33A
额定工作电压	380 V AC
耐受电压	600 V AC
额定频率	50 Hz
额定工作电流	30～3 000 A
机械寿命	8 000 次
电气寿命	1 500 次
额定冲击耐受能力	≥8 kV
结构	PC 级一体式结构,开关和控制器组件均由生产厂家提供,并经过相关电气干扰标准测试以保安全,ATS 为双投型、电磁激励、机械保持结构,机械转换时间可达 50 ms ASCO开关的结构　　　ASC300微处理器控制器
电气特性	(1)能承受 100% 额定负载,短时耐受电流满足以下要求: ➤ Ie=30 A 时,可承受短时耐受电流为 10 kA ➤ 30<Ie≤230 A 时,可承受短时耐受电流为 22 kA ➤ 230 A<Ie≤400 A 时,可承受短时耐受电流 42 kA ➤ 400 A<Ie≤600 A 时,可承受短时耐受电流 50 kA ➤ 600 A<Ie≤1 200 A 时,可承受短时耐受电流 65 kA ➤ Ie>1 200 A 时,可承受短时耐受电流 100 kA (2)具有相位角侦察器以完成同相位转换 (3)开关为 3 相 4 极、中性线重叠转换型,即在非转换期间为 4 极开关,在转换过程中两路电源中性线重叠

续表

型号规格	ASCO A300 系列
电气特性	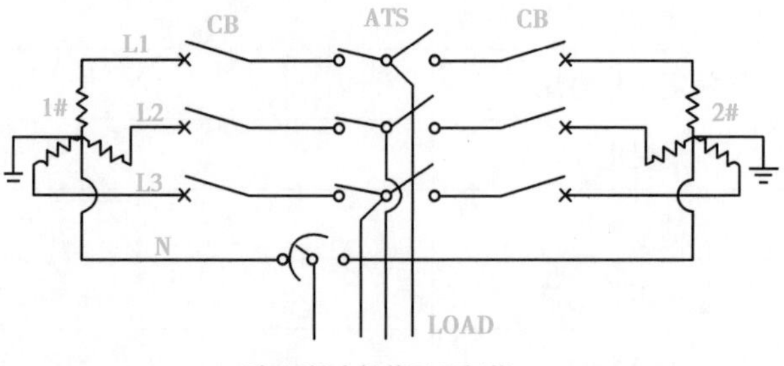 三相四极中性线重叠切换 （4）ATS 控制回路为微处理器式，各种参数均在现场可调： ➤ 正常电源电压的选用值：90%、95%的额定电压 ➤ 正常电源电压的弃用值：70%、80%、85%、90%的额定值 ➤ 应急电源电压的选用值：90%的额定电压 ➤ 应急电源电压/频率达到选用值时可延时 0 s～5 min 自投 ➤ 当正常电源电压回复到选用值时可延时 1 s～30 min 自复
其他特性	（1）具有手柄以便于检修和应急时使用 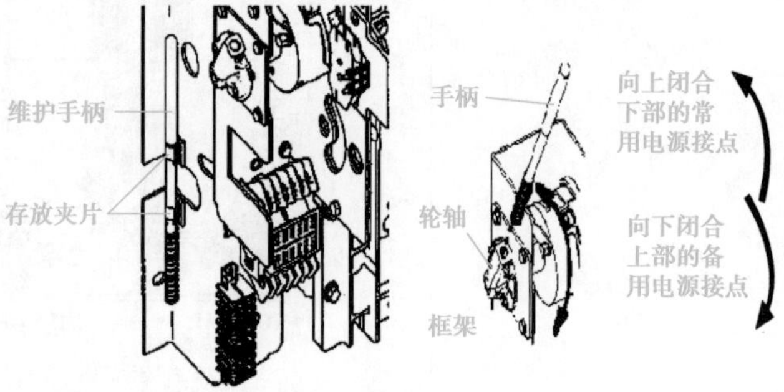 （2）可选通信功能 （3）具有电源可用性显示并可远传信号、ATS 开关所接位置显示并可远传信号 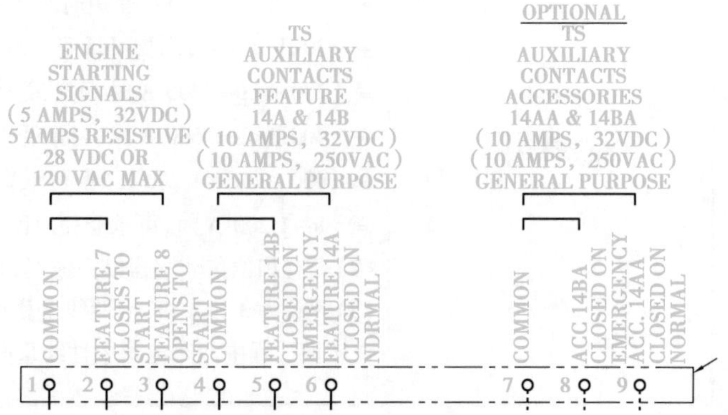 （4）自投自复、自投不自复投切方式可调

型号规格	ASCO A300 系列
其他特性	(5)由常用电源转换至备用电源和常用电源恢复正常转回常用电源时,转换时间可调 (6)具有操作面板,有直观的状态指示及测试按钮 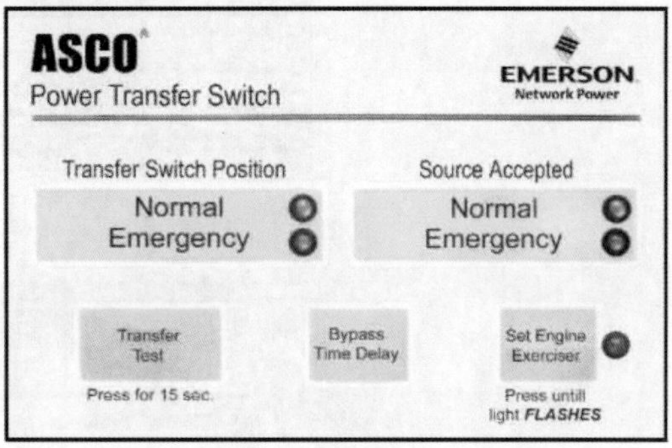 *300系列盘面控制及显示面板* (7)具有实现消防联动的控制功能,且控制部分通过附带的 EMC 检测

4.3.3 EPS 应急照明装置系统

1)主要元器件分布图

EPS 应急照明装置系统主要元器件分布如图 4-24(a)(b)所示。

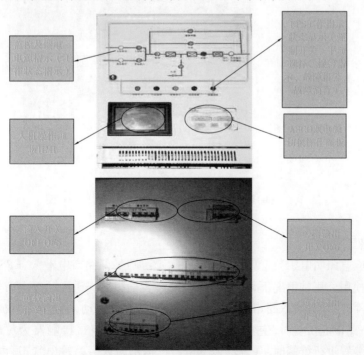

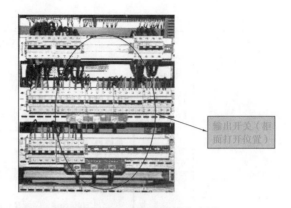

（a）EPS 应急照明装置系统主要元器件分布图

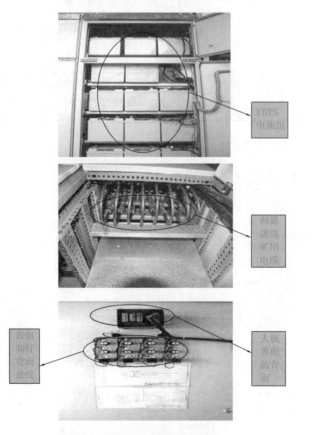

（b）EPS 应急照明装置系统主要元器件分布图

图 4-24

2）工作原理图

EPS 应急照明电源装置工作原理如图 4-25 所示：两路市电输入，EPS 逆变电源作为第三路电源使用。正常情况下，应急照明电源装置通过 ATSE 自动投入市电为负载供电，蓄电池处于浮充状态；当双路市电故障时，逆变电源自动启动，通过 C2 机械接触器为负载供电；当任一路市电恢复时，逆变电源退出，市电通过 C1 机械接触器为负载供电；当对应急照明电源装置进行维修时，先确保逆变电源已退出转入旁路输出状态，再合上维修旁路开关,并断开如下开关:市电输入开关、整流器输入开关、EPS输出开关,方可进行维修;当维修结束时,先确保逆变电源已退出转入旁路输出状态,再合上市电输入开关、整流器输入开关、EPS输出开关,并断开维修旁路开关,恢复市电旁路供电。

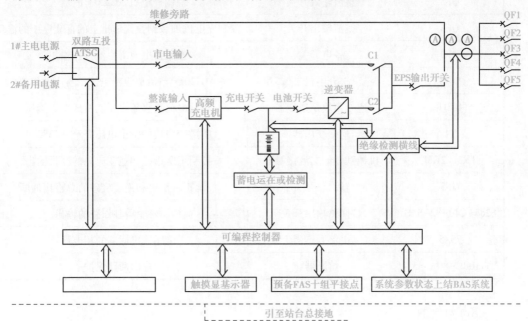

图 4-25　EPS 应急照明装置工作原理图

①控制原理

EPS 控制器采样双路进线电源状态和切换后的市电电压、采样逆变电源电压、采样EPS 输出电流,将参数和状态用于逻辑控制并上传到触摸屏控制器进行显示;控制器通过标准的 MODBUS 协议采集高频开关充电模块、蓄电池在线检测模块、逆变器模块和绝缘检测模块中的运行参数及状态用于逻辑控制并上传到触摸屏控制器进行显示;控制器综合各模块的参数和状态进行逻辑分析,并提升为系统控制参数进行控制;控制器将系统控制参数及状态转换成无源触点形式控制盘面显示和系统运行状态;控制器将系统控制参数及状态转换成无源触点形式提供给 FAS 系统;控制器将系统控制参数及状态通过标准的MODBUS 协议上传给 BAS 系统。

当有市电时,市电通过 KM1 输出,同时充电机对免维护电池充电;当控制器检测到市电停电或者市电过低时,逆变器工作,使 KM1 切换至应急输出状态,向负载提供应急电能;当控制器再次检测到有市电时,逆变器退出工作,恢复市电向负载提供电源。

②主要元器件功能

EPS 应急照明装置系统主要元器件功能如表 4-13 所示。

表 4-13　EPS 应急照明装置主要元器件功能表

元器件标号	元器件名称	元器件主要功能
ACSO300-C3/104/H1	双电源自动转换开关	两路市电的互投切换
QF6	旁路输出开关	控制旁路输出的通断
QF1	市电输入开关	双电源两路市电的输出端

元器件标号	元器件名称	元器件主要功能
QF3	整流输入开关	控制充电机 AC220V 的输入
QF4	整流输出开关	控制充电机加载到直流母排上的直流电压的输出
QF2	备电开关	控制蓄电池组直流母排输出
充电机	充电机	将 AC220 V 整流成直流电压给蓄电池组充电
IGBT	逆变模块及逆变器	将蓄电池组直流电压逆变成交流电压
T1	逆变变压器	将逆变模块的输出电压升至 AC380 V
1KM-2KM	机械互锁的交流接触器	控制正常市电和逆变应急的互投输出
QF5	输出总开关	控制正常市电和逆变应急的总输出通断
S264-C40+S2-S/H	各回路输出开关	控制各个单独回路的输出
75/5	电流互感器	传感输出回路的相电流
NT00C-80A＊3	熔断器	输出回路保护

③工作原理

从市电电网引两路电源接入 ASCO 双电源自动转换开关前级,一路作为主电电源使用,一路作为备电电源使用。当其中一路市电供电异常时,ASCO 双电源自动转换开关能自动切换到另一路正常电源工作。

ASCO 的后级输出端,分别引线至 QF6(旁路输出开关)和 QF1(市电输入开关)。EPS 正常工作状态下,QF6(旁路输出开关)是断开并禁止合闸的,而 QF1(市电开关)则是闭合的。若 EPS 内部出现故障或者需更换元器件时,需先断开 QF1(市电开关)和 QF5(输出总开关)后,方可将 QF6(旁路输出开关)合闸为负载继续供电。

1KM 和 2KM 是一组带机械互锁功能的交流接触器,1KM 线圈得电吸合则 2KM 线圈失电断开;2KM 线圈得电吸合则 1KM 线圈失电断开。市电经 QF1(市电开关)输出后引至 1KM,1KM 吸合输出至 QF5(输出总开关)和熔断器,最终完成对各个回路负载的供电。

市电正常给负载供电的同时,从 QF1(市电开关)输出端引一路 220 V 的交流电至 QF3(整流输入开关),QF3(整流输入开关)合闸后即为充电机提供输入电压。充电机将交流电整流成蓄电池组充电所需达到的充电电压,并通过 QF4(整流输出开关),加载至蓄电池组"+""-"两极,完成对蓄电池组的充电过程。

若市电电网两路市电都不能正常供电,此时市电输入开关 QF1(市电输入开关)后级无输出,1KM 断开。逆变模块检测到市电的异常,启动逆变器工作,将备电开关 QF2 控制的电池组直流电压逆变成交流电压,并通过变压器 T1 升压至 AC380V,再经过滤波后输出至 2KM,此时 2KM 线圈得电吸合,将逆变电输出给 QF5(输出总开关),从而完成逆变的过程。

3)设备操作

在开机前请必须确认是否按照正确的要求进行了安装,确认输入电压,频率和相序,电池正负极的连接是否正确以及系统中的所有开关都处于断开状态,使监控及馈电柜内的双电源自投开关的选择开关处于自动位。

①首次开机

a.闭合上级配电柜的两路市电输出开关,此时双路自投动作,主电指示灯,备电指示灯,主电投入灯,市电指示灯亮起。

b.打开监控及馈电柜前门,闭合 QF1(市电输入开关),再打开充电及逆变柜前门闭合QF2(电池开关),此时电池指示灯亮。几秒钟以后会有一些信息在显示面板上显示出来,同时会伴随着报警声,此时可以用消音开关进行消音。

c.闭合 QF3(整流器输入开头)和 QF4(充电开关),此时整流指示灯亮起。

d.闭合 QF5(输出总开关)和 S1、SN(输出分路开关)此时市电输出指示灯,输出分路开关对应指示灯亮起。此时调阅在显示屏上所观察到的应急照明电源装置所有实时运行参数(交流电源自动切换装置 整流/充电蓄电池组 逆变器 馈线单元等)及运行状态故障信息:此时,EPS 开始为负载供电。如果此前没有进行消音操作,报警声会自动消失。此后系统进入正常工作状态。

②关机和重新启动

a.断开 QF2(电池开关)。

b.断开 QF4(充电开关)和 QF3(整流输入开关)。

c.断开输出分路开关。

d.断开 QF5(输出总开关)。

e.断开 QF1(市电输入开关)。

f.此时,EPS 完全关机,负载断电。注意:要进行内部的检查和维修必须要等待 10 min以上。此时,EPS 完全关机,负载断电。

g.要重新启动 EPS,请参照上述的 EPS 开机的操作程序进行操作。

③EPS 维修旁路使用操作程序

a.在 EPS 正常运行,确认负载是由市电供电,断开 QF5(输出总开关)。

b.闭合 QF6(维修旁路开关),此时旁路指示灯亮起。

c.现在负载由市电通过维修旁路供电。

d.如果要将 EPS 和整个供电系统脱离开,断开 QF2(电池开关),QF3(整流输入开关),QF4(充电开关)。

④在维修旁路供电状态下,重新开机

a.确认 QF5(输出总开关)处于断开状态,闭合 QF1(市电输入开关);闭合 QF2(电池开关),QF3(整流输入开关),QF4(充电开关),此时电池指示灯,整流指示灯会亮起,并且整流开始工作。

b.闭合 QF5(输出总开关),此时,负载同时由维修旁路和市电供电。

c.断开 QF6(维修旁路开关),此时,负载由市电供电。

⑤互投方式开关操作

a.由变电所低压柜两段母线分别引入两路电源,一路为主用电源,另一路为备用电源,作为交流电源自动切换装置的进线电源,两路电源互为备用。

b.通常情况下,此开关打到主电状态,当主用电源故障时,由进线电源自动投切装置进行控制,备用电源自动投入;当主用电源恢复正常后自动返回主用电源,两路电源主用电源优先。

c.如果在正常运行中,将此开关打到备电状态,由进线电源自动投切装置进行控制,备用电源自动投入;当备用电源故障时,由进线电源自动投切装置进行控制,主用电源自动投入;当备用电源恢复正常后自动返回备用电源,两路电源备用电源优先。

⑥手动选择开关操作

a.通常情况下,此开关打到自动挡状态,当市电欠压或市电失电时,应急电源自动切换到应急供电状态,如果此开关打到主电挡状态,当市电欠压或市电失电时,应急电源不可自动切换到应急供电状态。

b.如果此开关打到应急挡状态,无论有无市电,应急电源立即切换到应急供电状态,此开关主要用于检验逆变功能和日常对电池定期放电试验。

⑦消音开关操作

闭合消音开关可消除各类(主电源故障/整流器故障/充电器故障/电池故障/逆变器故障/供电持续故障/风扇故障)报警音。

⑧强制开关操作

强制开关,用于应急供电时,当设备中的电池放电完毕进入过放保护而停止逆变输出时,在特殊情况下启动强制开关,系统将不受过放保护值控制,强制启动逆变器工作,从而继续为负载供电。

4)充电机

①控制面板布局

充电机控制面板布局如图4-26所示。

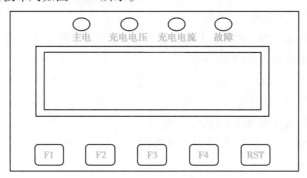

图4-26　充电机控制面板布局图

②控制面板部件功能

a.指示灯说明

主电指示灯:当充电机有市电时,主电指示灯亮。

充电电压指示灯:当液晶屏显示充电电压时,充电电压指示灯亮。

充电电流指示灯:当液晶屏显示充电电流时,充电电流指示灯亮。

故障指示灯:当充电机故障时,故障指示灯亮。

当所有的指示灯都不亮且液晶有显示时,表明当前面板处于设置界面。

b. 按键显示操作说明

正常界面下按键功能：

复位按钮 RST：在任何情况下只要按下复位键，充电机就会系统复位。

按键"F1"：正常界面下只需要按"F1"用于切换显示充电电压和充电电流。

按键"F2""F3"：正常界面下无效。

按键"F4"：正常界面下长时间按"F4"面板进入设置界面，所有指示灯熄灭。

5）蓄电池在线监控模块操作

蓄电池检测装置如图 4-27 所示。

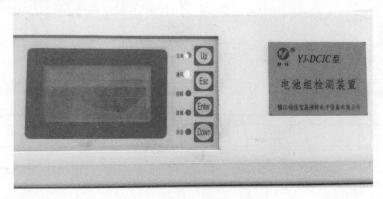

图 4-27　电池组检测装置

面板显示功能：

①主电指示灯为绿色，处于工作状态时，常亮。

②通信指示灯为红色，在监控发生数据应答时，指示灯亮，反之熄灭。

③巡检指示灯为绿色，亮 1 s 熄 1 s，表示对蓄电池处于巡检状态。

④故障指示灯为黄色，当所检测的电池发生欠压、过压时，该灯被点亮，所有电池处于正常状态时，该指示灯熄灭。

⑤消音指示灯为红色，作为备用指示灯。

6）馈线检测模块

①馈线检测模块实物简图如图 4-28 所示。

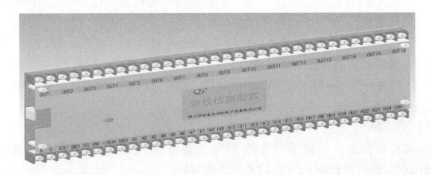

图 4-28　馈线检测模块实物简图

②端子示意图

馈线检测模块接线端子如图 4-29 所示。

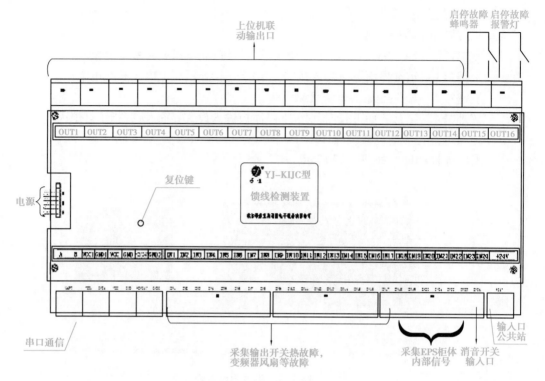

图 4-29　馈线检测模块接线端子示意图

③功能特性

a. 检测双电源输出端三相市电电压,判断三相电压状态(欠压或过压),来启动逆变。

b. 检测逆变电源输出端三相电压。

c. 检测电池组电压,并判断电池组电压状况,如欠压立即停止逆变,切断电池,电池的欠压报警值和欠压保护值均能通过触摸屏设置。

d. 检测 EPS 输出端三相负载电流,并判断是否过载,过载 120% 时,逆变 1 h,过载 150%,逆变 1 min,可通过触摸屏设置负载功率,以及 EPS 控制器电流量程。

e. 检测两路市电缺相状态,当检测到两路市电全缺相时,立即启动逆变。

f. 开关量输入检测,如强制、主电、备电、逆变故障检测、消防联动;如检测强制信号,则对电池欠压不保护,如检测到备电或消防联动信号,则立即启动逆变。

g. 开关量输出控制,如:电池控制、逆变启动控制等。

h. 本控制器采用开关电源供电。

i. 控制器采用 RS485 方式、ModBus RTU 通信协议,可与触摸屏联机通信。

7)监控装置

①功能特性

a. 监控装置能自动和手动管理 EPS 的运行,带有适应 BAS 接口要求的 RS232 和 RS485 通信接口,负责将 EPS 的信息上传至 BAS。

b. 监控装置的显示屏为彩色 7″TFT LCD 可触控操作的屏幕。中文显示界面,清晰明了,易于操作。可显示 EPS 装置各部分(双电源切换装置、整流/充电机、蓄电池组、逆变器、馈线单元)的运行参数、状态、故障信息等。

c. 监控装置具有故障自诊断功能,并且能在掉电后保存最后 10 次以上的 EPS 运行参数和状态。

d. 监控装置通过蓄电池组检测仪,能在线自动检测单体电池的端电压等各种参数、准确预报和报告电池的故障。

e. 监控装置通过馈线检测仪能在线检测各馈出分回路的故障状态。

f. 监控装置具有输入输出电压、电流,蓄电池直流电压、电流,单体电池电压等参数进行检测和显示的功能。

②监控装置的信号显示与报警

EPS 通过监控装置或者外部指示灯显示重要信息并对所有故障报警,如表 4-14 所示。

表 4-14　监控装置的信号显示与报警

序号	设备名称	状　态	报警内容
1	主电源	正常	失压或过压
2	整流器	整流器运行	整流器故障
3	充电器	充电浮充	输入电压过高、过低、缺相
4	电池组	电池放电、电池隔离	电压过低、电池接地
5	逆变器	逆变器运行	逆变器故障
6	检修、旁路静态开关	电池组放电	供电持续
7	通风		风扇故障

③监控装置与 EPS 各个部件连接方式

监控装置与 EPS 各个部件连接方式如图 4-30 所示。

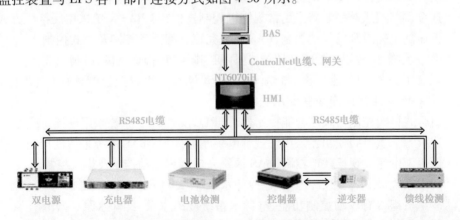

图 4-30　监控装置与 EPS 各个部件连接示意图

监控装置与 EPS 各部件及 BAS 之间采用 RS485 通信电缆连接,通信协议为 ModBus RTU,EPS 电源内部各模块均采用带屏蔽层的双绞线,通信速率为 9 600 bit/s。

④接口界面

BAS 与车间 EPS 在车站的接口如图 4-31 所示。

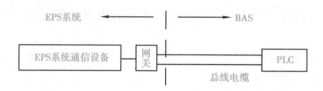

图 4-31　BAS 与车间 EPS 在车站的接口示意图

4.3.4　通风空调电控柜系统

1）控制要求

①隧道通风系统设备

区间隧道通风系统监控对象为隧道风机（TVF）、射流（SL）风机、风阀。

隧道风机（TVF）及 50 kW 以上的射流风机采用软启动方式、组合式风阀控制器采用智能控制器件（PLC），与 BAS 系统采用现场总线方式连接。50 kW 以下的区间射流风机采用智能控制器件（电机保护控制模块），与 BAS 系统采用现场总线方式连接；低压配电完成现场就地控制，BAS 系统完成远程手动控制及模式控制。

车站隧道通风系统监控对象为风机（TEF）、风阀。

轨道排热风机（TEF）采用变频控制，与 BAS 系统采用现场总线方式连接；组合式风阀控制器采用 PLC，与 BAS 系统采用现场总线方式连接；低压配电完成现场就地控制，BAS 系统完成远程手动控制及模式控制。

②车站通风空调系统

a. 大系统：空调机组、回/排风机、电动风阀

空调机组、回/排风机采用变频控制，与 BAS 系统采用现场总线方式连接。

组合式风阀控制器采用智能控制器件（PLC），与 BAS 系统采用现场总线方式连接。

连续调节型风阀控制器采用常规继电控制器件，与 BAS 系统采用硬接线方式连接。

低压配电完成现场就地控制，BAS 系统完成远程手动控制及模式控制。

b. 小系统：设备用房柜式空调器、送风机、排风机、排烟风机、风阀

设备用房送风机、排风机、排烟风机、电动风阀采用智能控制器件（电机保护控制模块），与 BAS 系统采用现场总线方式。

组合式风阀控制器采用智能控制器件（PLC），与 BAS 系统采用现场总线方式连接。

连续调节型风阀控制器采用常规继电控制器件，与 BAS 系统采用硬接线方式连接。

低压配电完成现场就地控制，BAS 系统完成远程手动控制及模式控制。

③水系统：冷水机组、冷冻水泵、冷却水泵、冷却塔风机、电动蝶阀

冷水机组带有联动控制功能，空调水系统冷冻水泵、冷却水泵、冷却塔、风机、电动蝶阀的程序控制由冷水群控系统和冷水机组自带控制箱承担，BAS 仅控制冷水系统的启动/停止、火灾联动停机、监测冷水系统的参数和状态、记录及累计；低压配电仅负责冷水机组、冷冻水泵、冷却水泵、冷却塔风机、电动蝶阀的配电，接口在冷水系统设备配电柜进线开关处。

④其他

环控柜 TVF 和 TEF 风机配电单元安装有风机前后轴承温度和电机绕组温度显示仪

表,用于温度测量和监视,并将温度量以 4 ~ 20 mA 模拟量信号传送至 BAS 系统。

2) 控制原理

①双电源切换装置

双电源切换装置如图 4-32 所示。

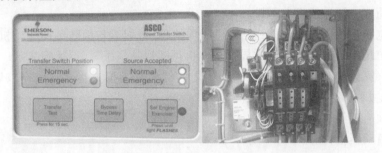

图 4-32　双电源切换装置图(左控制器、右本体)

a. 上电操作

初次上电时应断开母线上所有负载的电源开关(断路器/负荷开关)。

分别合上两路进线电源开关(先合"常用"电源,再合"备用"电源)。

观察应无异常:电量测量装置显示正常、ASCO 电源切换装置操作界面显示正常,即电源状态 Source Accepted 指示灯 Normal 和 Emergency 点亮,切换开关位置 Transfer Switch Position 指示灯 Normal 或 Emergency 点亮。

常用电源供电正常,则常用电源指示灯(Source Accepted Normal)点亮。

备用电源供电正常,则备用电源指示灯(Source Accepted Emergency)点亮。

正常情况下,切换装置输出侧接至常用电源,则切换至常用侧位置指示(Transfer Switch Position Normal)点亮。

常用电源消失后,切换装置输出侧接至备用电源,则切换至备用侧位置指示(Transfer Switch Position Emergency)点亮。

按下测试按钮(Transfer Test)并保持 15 s,负载转换至备用电源,则切换至备用侧位置指示(Transfer Switch Position Emergency)点亮。

旁路延时按钮(Bypass Time Delay):在切换装置转换过程中,按下旁路延时按钮,则跳过原设定的延时时间,实现立即转换。

周期性测试功能:ASCO 电源切换装置内置的控制器提供每周一次 20 min 的测试。当按下周期性测试功能按钮(Set Engine Exerciser)并保持至少 5 s 直至状态指示灯快速闪烁,则激活周期性测试功能。按下旁路延时按钮(Bypass Time Delay)则可取消该功能。

警告:上电过程中出现异常情况时,应及时分断相应电源开关,待问题处理后方可再次加电。

b. 控制操作

正常情况下,由"1 路进线"电源供给母线电压。当"1 路进线"电源断电后,切换装置会自动将母线电压切换至"2 路进线"电源。

采用自投自复方式时,当"1 路进线"电源恢复供电后,切换装置会自动将母线电压由"2 路进线"电源切换回"1 路进线"电源。

采用自投不自复方式时,当"1 路进线"电源恢复供电后,切换装置保持由"2 路进线"

电源供给母线电压,而不会自动将母线电压由"2 路进线"电源切换回"1 路进线"电源。

双电源切换时间、工作电源电压降到多少都可以在双电源切换箱电脑控制板上设定。

c. 火灾模式

火灾模式信号由 BAS 系统以无源节点方式提供,车站每端仅需一路信号,接口在一级消防负荷双电源进线柜端子排。

双电源进线柜对火灾模式信号进行保持,并分配给各消防负荷电动机回路,用于屏蔽过载保护跳闸信号,实现"火灾模式下电机过载故障只报警,不跳闸"。

有火灾模式信号时,双电源进线柜上的红色火灾模式指示灯点亮。只有按动复位按钮才能复归火灾模式信号。

②软启动器柜

软启动器柜,如图 4-33 所示。

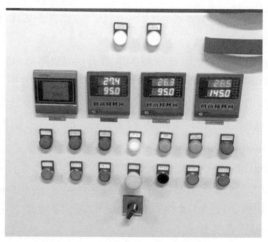

图 4-33　软启动器柜图

a. 控制操作

软启动器控制主回路接线如图 4-34 所示。

正常情况下,选择"BAS"控制方式,即将环控柜控制方式开关投到"BAS"位,将就地控制箱的控制方式开关投到"远方"位;由 BAS 系统进行操作控制,但是需要确认网络状态正常,否则将无法进行远方控制。

通风空调电控室操作:将环控柜控制方式开关投到"环控"位,将就地控制箱的控制方式开关投到"远方"位;由环控柜启/停按钮进行操作控制。

正向(反向)运行:在停机状态下,按动正向(反向)启动按钮,启动设备运行,正向(反向)运行指示灯点亮。

停止运行:按动停止按钮,停止设备运行,停机指示灯点亮。

正向运行转换为反向运行:首先按动停止按钮,停止设备运行,1 min 后,再按动反向启动按钮,启动设备反向运行。

反向运行转换为正向运行:首先按动停止按钮,停止设备运行,1 min 后,再按动正向启动按钮,启动设备正向运行。

机旁就地操作时,选择"就地"控制方式,即将就地控制箱的控制方式开关投到"就地"

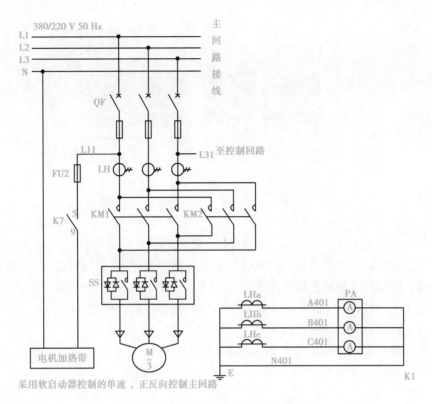

图 4-34　软启动器控制主回路图

位;由就地控制箱启/停按钮进行操作控制,操作方法与环控柜的操作相同。

b.注意事项

为了防止直接切换运转方向造成负载设备损坏,正、反向切换时必须经过停机状态,否则直接通过正反向启动按钮将不会切换设备运行方向。同时为了防止过大的反向启动转矩造成负载设备损坏,设置有 1 min 的停机再启动延时时间,该时间由柜内延时继电器设定,停机后的 1 min 内正向、反向启动操作都不会起作用。

为了防止频繁启停操作造成负载设备损坏,每小时启停次数应符合设备制造厂家的要求,并在软启动器中进行设定(一般设定为 1 ~ 99 次)。

为了防止风道堵塞情况下开启风机造成设备损坏,风机与对应风阀具有硬件闭锁功能(即风阀未开启,禁止风机启动;风机停机,则联动关闭风阀)。"BAS"方式下由 BAS 系统完成风机、风阀的顺序启停控制。"环控"或"就地"控制方式下,启动风机前应先开启与其联锁的风阀,否则,由于硬件联锁的存在,风机将不会启动。

③变频器柜

变频器柜,如图 4-35 所示。

a.部件功能

电量测量装置:用于电机三相电流的测量与显示。

温度测量表:仅对轨道排热风机设有温度表,用于风机前后轴承、电机绕组温度测量与显示,并向 BAS 送出 4 ~ 20 mA 模拟量温度信号。

图 4-35　变频器柜图

状态指示灯：变频运行时，点亮红色变频运行指示灯；工频运行时，点亮红色工频运行指示灯；停机时，点亮绿色停机指示灯。

故障指示灯：黄色，发生故障时，点亮，分别为变频和工频故障指示。

启/停按钮：绿色为启动按钮，红色为停止按钮。

故障复位按钮：黑色，用于复位故障信号。

控制方式选择开关：用于"BAS""环控"控制方式选择。

运行方式选择开关：用于"变频""切除""工频"运行方式选择。

频率调节旋钮：用于手动方式下的频率调节。

进线开关操作手柄：用于进线开关的分、合闸操作。

b. 控制操作

变频器控制主回路接线如图 4-36 所示。

运行方式选择：根据工况人为选择工频或变频运行方式，两种方式下均可实现 BAS、环控、就地三级控制。当选择"切除"方式时，将屏蔽操作控制，该方式用于紧急停车及负载设备检修。

正常情况下选择"BAS"控制方式，即将环控柜控制方式开关投到"BAS"位，将就地控制箱的控制方式开关投到"远方"位；由 BAS 系统进行操作控制，运行方式取决于方式选择"变频"或"工频"，相应运行指示灯点亮。确认网络状态正常。

环控电控室操作：将环控柜控制方式开关投到"环控"位，将就地控制箱的控制方式开关投到"远方"位；由环控柜启/停按钮进行操作控制。

启动运行：在停机状态下，按动启动按钮，启动设备运行，运行方式取决于方式选择"变频"或"工频"，相应运行指示灯点亮。

停止运行：按动停止按钮，停止设备运行，停机指示灯点亮。

机旁就地操作：选择"就地"控制方式，即将就地控制箱的控制方式开关投到"就地"位；由就地控制箱启/停按钮进行操作控制，操作方法与环控柜的操作相同。

频率调节操作：正常情况下，选择"BAS"控制方式，由 BAS 系统通过网络进行频率调节。

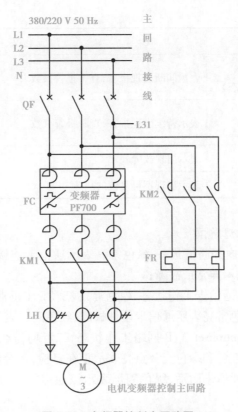

图 4-36　变频器控制主回路图

环控电控室操作时,选择"环控"控制方式,由环控柜频率调节旋钮进行频率调节。调节旋钮为多圈设计,可实现精细调节,顺时针方向旋转,频率增高;逆时针方向旋转,频率降低。仅为检修、试车时使用。

就地操作时,选择"就地"控制方式,就地无频率调节功能,而环控柜仍能实现频率调节。

火灾模式:火灾模式下,接受 BAS 系统 I/O 硬线信号,并保持,强制工频运行,该方式下电机过载故障只报警,不跳闸。

c. PowerFlex 指示灯解读

PW:电源指示灯,绿色。

STS:状态指示灯,其含义如表 4-15 所示。

表 4-15　状态指示灯含义

指示灯状态	含义
绿色闪烁	表示变频器处于待机状态,未运行,无故障
绿色常亮	表示变频器处于运行状态,无故障
黄色闪烁 (变频器处于停机状态)	表示出现报警,变频器无法再启动,查看报警参数

续表

指示灯状态	含义
黄色闪烁 （变频器处于运行状态）	表示间断出现报警,查看报警参数
黄色常亮 （变频器处于运行状态）	表示持续出现报警,查看报警参数
红色闪烁	表示出现故障
红色常亮	表示出现不可复位的故障

d. 通信状态指示灯解读

PORT:DPI 端口内部通信状态,绿色常亮表示通信卡连接正常,绿色闪烁表示正在建立连接;红色、橙色表示异常或故障;

MOD:ControlNet 通信卡工作状态,绿色常亮表示工作正常并正在交换数据,绿色闪烁表示无数据交换,红色常亮表示通信卡硬件故障,红色闪烁表示固件故障;

NETA、NETB:ControlNet A、B 网络工作状态,二者均为红色常亮表示 A 口故障,红色闪烁表示节点故障,红色和绿色交替点亮表示正在自检,单个红绿闪烁表示该通道组态无效,红色闪烁表示该通道未激活,绿色闪烁表示该通道暂时故障或处于侦听状态,绿色常亮表示工作正常。

e. 注意事项

为了防止频繁起停操作造成负载设备损坏,每小时启停次数应符合设备制造厂家的要求,并在变频器中进行设定,一般启停次数为 1~9 次/h。

为了防止在风道堵塞情况下开启风机而造成设备损坏,风机与对应风阀具有硬件闭锁功能(即风阀未开启,禁止风机启动,风机停机,则联动关闭风阀)。"BAS"方式下由 BAS 系统完成风机、风阀的顺序起停控制。"环控"或"就地"控制方式下,启动风机前应先开启与其联锁的风阀,否则,由于硬件联锁的存在,风机将不会启动。

火灾模式复归后,只能通过环控柜上的故障复位按钮,复归环控柜的保持信号,并停止风机运行。

变频器的工作状态在 LCD HMI 显示屏上也有显示:

变频器出现故障时,LCD HMI 显示屏会立即显示故障信息,若在状态行显示"Faulted",则表示发生故障,同时弹出故障对话框,显示故障代码、名称、故障发生至当前的时间,通过按下操作面板上的 ESC 键,取消对话框,并返回 HMI 界面。

变频器出现报警时,LCD HMI 显示屏会立即显示故障信息,在状态行显示报警名称(如 Power Loss 等)以及报警铃图标。

④单速风机单速控制单元

单速风机单速控制单元,如图 4-37 所示。

单速风机单速控制主回路接线,如图 4-38 所示。

a. 正常情况下

选择"BAS"控制方式,即将环控柜抽屉上的控制方式开关投到"BAS"位,将就地控制

图 4-37　单速风机单速控制单元图

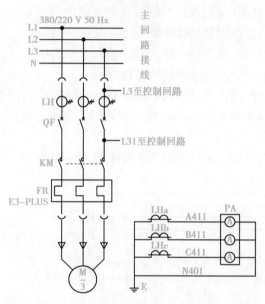

图 4-38　单速风机单速控制主回路接线图

箱的控制方式开关投到"远方"位,由 BAS 系统进行操作控制。

b.环控电控室操作

将环控柜抽屉上的控制方式开关投到"环控"位,将就地控制箱的控制方式开关掷于"远方"位,由环控柜抽屉上的启/停按钮进行操作控制。为了防止风道堵塞情况下开启风机造成设备损坏,风机与对应风阀具有硬件闭锁功能(即风阀未开启,禁止风机启动,风机停机,则联动关闭风阀)。"BAS"方式下由 BAS 系统完成风机、风阀的顺序启停控制。"环控"或"就地"控制方式下,启动风机前应先开启与其连锁的风阀,否则,由于硬件连锁的存在,风机将不会启动。

c.机旁就地操作时

将就地控制箱的控制方式开关掷于"就地"位,由就地控制箱启/停按钮进行操作控制。

d.火灾模式

火灾模式下,由双电源进线柜分配来的火灾模式信号屏蔽 E3 保护器的过载保护跳闸信号,实现"火灾模式下电机过载故障只报警,不跳闸"。恢复正常模式后,过载保护跳闸功能也自动恢复。

图 4-39　单速风机正反向控制单元图

⑤单速风机正反向控制单元

单速风机正反向控制单元如图 4-39 所示。

a. 部件功能

电流表:用于电机三相电流测量与显示。

状态指示灯:正向运行时点亮红色正向运行指示灯,反向运行时点亮红色反向运行指示灯,停机时点亮绿色停机指示灯,加热除湿启动时加热除湿指示灯点亮。

故障指示灯:黄色为发生故障。

启/停按钮:绿色为启动(投入)按钮,红色为停止(切除)按钮。

故障复位按钮:黑色为复位故障信号。

控制方式选择开关:用于"BAS""环控"控制方式选择。

进线开关手柄:用于进线电源接通和切除。

E3 电动机保护器:用于保护电机和监控系统通信方式,因为软启动器自身带有 ControlNet 通信接口,与 BAS 系统 ControlNet 总线连接,实现与 BAS 系统联网通信。

b. 控制操作

单速、正反转直接启动风机控制回路接线如图 4-40 所示。

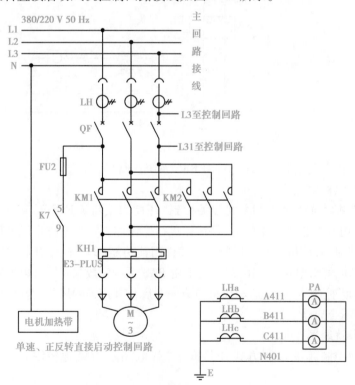

图 4-40　单速、正反转直接启动控制回路

正常情况下:选择"BAS"控制方式,即将环控柜控制方式开关投到"BAS"位,将就地控制箱的控制方式开关投到"远方"位,由 BAS 系统进行操作控制。

环控电控室操作:即将环控柜控制方式开关投到"环控"位,将就地控制箱的控制方式开关投到"远方"位,由环控柜启/停按钮进行操作控制。

正向(反向)运行:在停机状态下,按动正向(反向)启动按钮启动设备,正向(反向)运行指示灯点亮。

停止运行:按动停止按钮,停止设备运行,停机指示灯点亮。

正向运行转换为反向运行:首先按动停止按钮,停止设备运行,1 min 后,再按动反向启动按钮,启动设备反向运行。

方向运行转换为正向运行:首先按动停止按钮,停止设备运行,1 min 后,再按动正向启动按钮,启动设备正向运行。

火灾模式:火灾模式下,由双电源进线柜分配来的火灾模式信号屏蔽 E3 保护器的过载保护跳闸信号,实现"火灾模式下电机过载故障只报警,不跳闸"。恢复正常模式后,过载保护跳闸功能也自动恢复。

⑥单向双速风机控制单元

单向双速风机控制单元如图 4-41 所示。

双速单向直接启动风机控制主回路接线如图 4-42 所示。

正常情况:选择"BAS"控制方式,即将环控柜抽屉上的控制方式开关投到"BAS"位,将就地控制箱的控制方式开关投到"远方"位,由 BAS 系统进行操作控制。

环控电控室操作:选择"环控"控制方式,即将环控柜抽屉上的控制方式开关投到"环控"位,将就地控制箱的控制方式开关投到"远方"位,由环控柜启抽屉上的启/停按钮进行操作控制。

图4-41 单向双速风机控制单元图

低速(高速)运行:在停机状态下,按动低速(高速)启动按钮启动设备,低速(高速)运行指示灯点亮。

停止运行:按动停止按钮,停止设备运行,停机指示灯点亮。

高、低速间切换运行:高、低速间不用经过停机可直接切换,高速运行时,按动低速启动按钮,直接进入低速运行;低速运行时,按动高速启动按钮,直接进入高速运行。

机旁就地操作时,选择"就地"控制方式,即将就地控制箱的控制方式开关投到"就地"位,由就地控制箱启/停按钮进行操作控制,操作方式与环控柜操作相同。

火灾模式:火灾模式下,由 BAS 系统通过 ControlNet 总线,以通信方式直接启动高速运行。

火灾模式下,由双电源进线柜分配来的火灾模式信号屏蔽高速回路 E3 保护器的过载保护跳闸信号,实现"火灾模式下电机过载故障只报警,不跳闸"。

注意事项:为了防止在风道堵塞情况下开启风机而造成设备损坏,风机与对应风阀具有硬件闭锁功能(即风阀未开启,禁止风机启动,风机停机,则联动关闭风阀)。"BAS"方式下由 BAS 系统完成风机、风阀的顺序启停控制。"环控"或"就地"控制方式下,启动风机前应先开启与其联锁的风阀,否则,由于硬件连锁的存在,风机将不会启动。

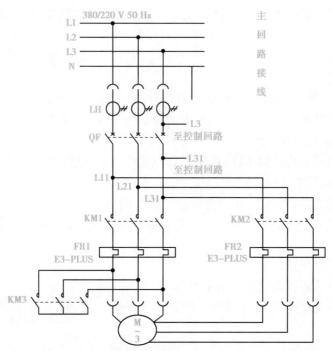

控制说明：双速、单向、直接启动控制主回路

图 4-42　双速单向直接启动控制主回路图

⑦组合式风阀（DM 阀）控制单元

组合式风阀（DM 阀）控制单元如图 4-43 所示。

图 4-43　组合式风阀（DM 阀）控制单元图

组合式风阀控制主回路接线如图 4-44 所示。

正常情况：选择"BAS"控制方式，即将环控柜抽屉上的控制方式开关投到"BAS"位，将就地控制箱的控制方式开关投到"远方"位，由 BAS 系统进行操作控制。确认用于组合式风阀测控的小 PLC（如图 4-45 所示）工作状态、网络状态正常。

环控电控室操作：选择"环控"控制方式，即将环控柜抽屉上的控制方式开关投到"环控"位，将就地控制箱的控制方式开关掷于"远方"位，由环控柜抽屉上的开/关阀按钮进行操作控制。

机旁就地操作：选择"就地"控制方式，即将就地控制箱的控制方式开关投到"就地"位，由就地控制箱开/关阀按钮进行操作控制。

注意事项：为了防止在风道堵塞情况下开启风机而造成设备损坏，风机与对应风阀具有硬件闭锁功能（即风阀未开启，禁止风机启动，风机停机，则联动关闭风阀）。风阀开启

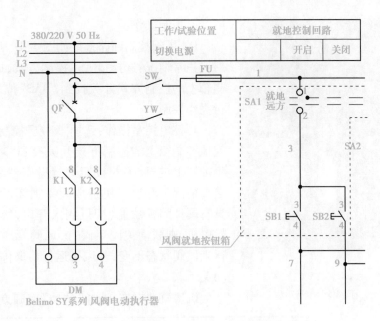

图 4-44　组合式风阀 DM 控制主回路图

控制电源	AC220V 电源指示	CPU 模板电源	开关电源（AC220V/DC24V）	DC24V电源供电		
				DC24V电源指示	备用	I/O模板电源

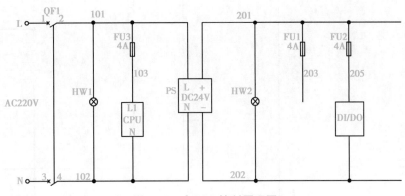

图 4-45　小 PLC 控制原理图

后,若风机未运行则风阀状态不变,若风机运行后又停机,则风阀会自动关闭。

⑧第一类连续调节型风阀(DZ 阀)控制单元

a. DZ 风阀环控柜外观效果图如图 4-46 所示。

b. 部件功能:

全开(关)位置指示灯、开(关)阀按钮、馈电开关操作手柄,如图 4-46 所示。

全开位置指示灯:红色,全开到位时,点亮。

全关位置指示灯:绿色,全关到位时,点亮。

开阀按钮:绿色,启动风阀开启。

关阀按钮:红色,启动风阀关闭。

馈电开关操作手柄:用于馈电开关的分、合闸操作。

图 4-46　DZ 风阀环控柜外观效果图

c. 控制操作：

DZ 风阀控制回路接线如图 4-47 所示。

正常情况：选择"BAS"控制方式，即将风阀就地控制箱上的控制方式开关投到"BAS"位，由 BAS 系统进行操作控制。

环控电控室操作：选择"环控"控制方式，即将风阀就地控制箱上的控制方式开关投到"环控"位，由环控柜抽屉上的开/关阀按钮进行操作控制。为防止风道堵塞情况下开启风机造成设备损坏，风机与对应风阀具有硬件闭锁功能（即风阀未开启，禁止风机启动；风机停机，则联动关闭风阀）。风阀开启后，若风机未运行则风阀状态不变，若风机运行后又停机，则风阀会自动关闭。

机房就地操作：选择"就地"控制方式，即将风阀就

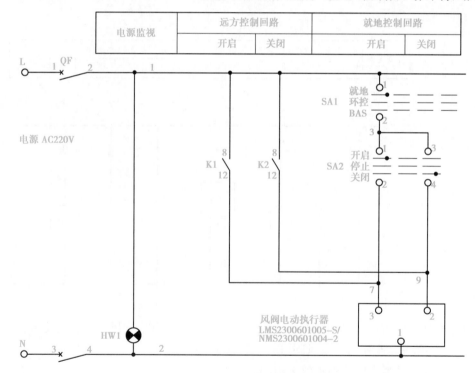

图 4-47　DZ 风阀控制回路图

地控制箱上的控制方式开关掷于"就地"位，由就地控制箱开/关阀按钮进行操作控制。

风阀开度设置：该类风阀的开启开度根据风量平衡要求现场整定，整定方法为：在机房就地控制箱上设置数显表的上越限参数，风阀达到设定开度时，数显表越限输出继电器 K2 动作，即发出"全开"位置信号。

⑨第二类连续调节型风阀（DT 阀）控制单元

a. DT 风阀环控柜外观效果图如图 4-48 所示。

b. 部件功能：

合闸指示灯、出现开关操作手柄如图 4-48 所示。

合闸指示灯：红色点亮表示合闸位。

出线开关操作手柄：用于馈电开关的分、合闸操作。

c. 控制操作：

DT 风阀控制回路图如图 4-49 所示。

环控柜只为负载供电，无操作控制的功能，操作控制在风阀就地控制箱上完成，控制方式选择开关用于"远方""就地"方式选择。正常情况下，选择"远方"控制方式，即将风阀就地控制箱上的控制方式开关投到"远方"位，由 BAS 系统进行操作控制。机旁就地操作时，选择"就地"控制方式，即将风阀就地控制箱上的控制方式开关投到于"就地"位，由就地控制箱上的阀位调节旋钮进行开度控制。

图 4-48 DT 风阀环控柜外观效果图

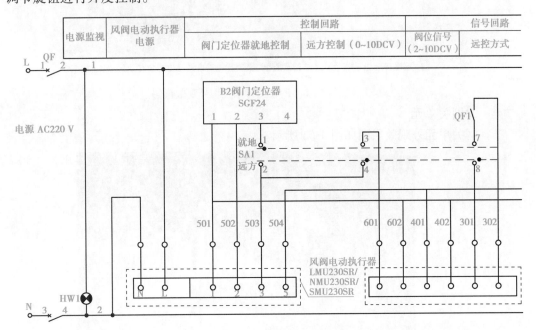

图 4-49 DT 风阀控制回路图

⑩一般馈电回路

一般馈电回路环控柜采用抽屉式功能单元，抽屉面板上设有合闸指示灯和操作手柄，直接通过馈电开关的操作手柄进行分、合闸操作。其外观如图 4-50 所示。

⑪三级负荷电控柜

三级负荷电控柜采用抽屉式低压开关柜，进线单元抽屉面板上设有用于测量与显示进线三相电流、电压的智能电量测控装置，以及合、分闸操作手柄，可直接在柜外进行合、分闸操作。其外观如图 4-51 所示。

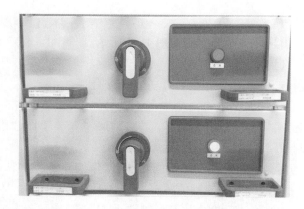

图4-50　一般馈电回路环控柜外观效果图

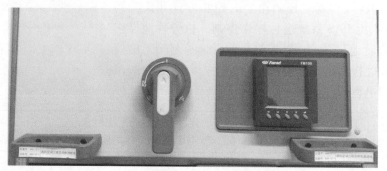

图4-51　三级负荷电控柜外观效果图

⑫网关单元

网关单元外观效果图如图4-52所示。

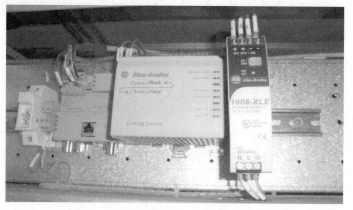

图4-52　网关单元外观效果图

⑬通风空调电控柜与BAS系统网络结构图

通风空调电控柜与BAS系统网络结构如图4-53所示。

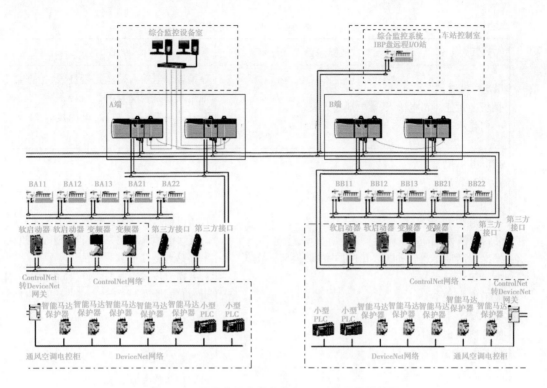

图 4-53　通风空调电控柜与 BAS 系统网络结构图

4.3.5　低压配电系统故障检查及处理

1)环控电控柜

环控电控柜常见故障及处理方法如表 4-16 所示。

表 4-16　环控电控柜故障处理

故障现象	故障原因	处理方法
冷却水泵回路跳闸	冷水机组给出的联动信号不正常,造成接触器 2 秒内频繁动作,电弧烧伤触头导致接触器损坏	1. 断开该回路主开关 2. 拉出抽屉,更换同型号接触器 3. 将该回路转至本地控制状态,屏蔽掉冷水机给出的远程联动信号
抽屉在维保中卡死无法抽出	此抽屉机械联锁件断裂卡死在孔位中	1. 拆除折断的机械卡销 2. 更换新卡销
二次端子插座破碎	抽屉装置小室二次接线插座在抽屉插入中未对准而被撞破	1. 本回路抽屉开关分断 2. 抽屉抽出 3. 本柜二次回路电源停电 4. 更换新插座

2)EPS 事故照明装置

EPS 事故照明装置常见故障及处理方法如表 4-17 所示。

表 4-17　EPS 故障处理

故障现象	故障原因	处理方法
EPS 开机后, 面板上无任何显示	市电输入、蓄电池输入故障	1. 检查市电输入熔丝是否烧毁, 检查蓄电池熔断器是否烧毁 2. 开关电源 24 V 故障, 电源接口 24 V 是否松动
在市电供电正常时开启 EPS, 逆变器工作指示灯亮, 蜂鸣器发出间断叫声, EPS 只能工作在逆变状态, 不能转换到市电工作状态	逆变供电向市电供电的转换部分故障	1. 市电输入熔丝是否损坏 2. 若市电输入熔丝完好, 检查逆变控制继电器是否完好 3. 若逆变控制继电器完好, 检查市电检测电路是否完好
蓄电池漏液	蓄电池性能下降	1. 测量各蓄电池电压 2. 拆除故障电池连接片 3. 清洁受腐蚀连接片, 极柱涂凡士林 4. 更换同型号电池

3) 照明配电箱

照明配电箱常见故障及处理方法如表 4-18 所示。

表 4-18　照明配电箱故障处理

故障现象	故障原因	处理方法
电源指示灯不亮	1. 指示灯接触不良或灯丝烧断 2. 电源无电压 3. 熔断体熔体熔断	1. 应检查灯头或更换灯泡 2. 应用万用表检查三相电源 3. 应查明原因后更换熔体
熔体熔断	1. 外线路短路 2. 用电设备发生故障引起短路 3. 过负荷	1. 应查明并排除故障 2. 应查明用电设备故障, 并予以排除 3. 应减轻负荷至规定范围
柜内元器件烧坏	1. 接线错误, 造成短路 2. 电器容量过小 3. 电器元件受潮或被雨淋 4. 环境恶劣, 粉尘污染严重	1. 应改正接线错误 2. 应换上与负载相匹配的元器件 3. 应做好防潮防水措施 4. 采取防尘措施或换上防尘电器

复习思考题

1. 简单描述 EPS 工作原理。
2. 什么是功率因数？如何计算功率因数？
3. 变频风机报故障无法开启的应急处理。
4. 什么是过电压？
5. EPS 逆变不了的原因是什么？
6. BAS 控制不了变频风机变频运行的原因是什么？
7. EPS 开机后，面板上无任何显示，对此故障现象进行分析，并作检查。
8. BAS 模式下电机无法启动的故障如何排查？
9. 电动机的主回路中装有熔断器，还要装热继电器吗？
10. 中小容量异步电动机一般都有哪些保护？

项目5 高级工理论知识及实操技能

任务 5.1 环控系统

5.1.1 电动机

电机的形式很多,但其工作原理都基于电磁感应定律和电磁力定律。因此,其构造的一般原则是:用适当的导磁和导电材料构成互相进行电磁感应的磁路和电路,以产生电磁功率,达到能量转换的目的。

1)工作原理

当电动机的三相定子绕组(各相差 120°电角度),通入三相对称交流电后,将产生一个旋转磁场,该旋转磁场切割转子绕组,从而在转子绕组中产生感应电流(转子绕组是闭合通路),载流的转子导体在定子旋转磁场作用下将产生电磁力,从而在电机转轴上形成电磁转矩,驱动电动机旋转,并且电机旋转方向与旋转磁场方向相同(如图 5-1 所示)。

三相异步电动机

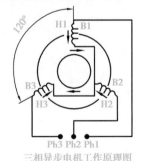
三相异步电机工作原理图

图 5-1　三相异步电动机外观图及工作原理图

当导体在磁场内切割磁力线时,在导体内产生感应电流,感应电流和磁场的联合作用向电机转子施加驱动力,"感应电机"的名称由此而来。

2)转差率

只有当闭合线圈有感应电流时,才存在驱动转矩。转矩由闭合线圈的电流确定,且只有当环内的磁通量发生变化时才存在。因此,闭合线圈和旋转磁场之间必须有速度差。因而,遵照上述原理工作的电机被称作"异步电机"。同步转速 n_s 和闭合线圈速度 n 之间的差值称作"转差",用同步转速的百分比表示:

$$s=\left[\left(n_s-s\right)/n_s\right]\times100\%\left(s\text{ 为转差率}\right)$$

电动机运行过程中,转子电流频率为电源频率乘以转差率。当电动机起动时,转子电流频率处于最大值,等于定子电流频率。转子电流频率随着电机转速的增加而逐步降低。处于恒稳态的转差率与电机负载有关系。它受电源电压的影响,如果负载较低,则转差率较小,如果电机供电电压低于额定值,则转差率增大。

同步转速:三相异步电动机的同步转速与电源频率成正比,与定子的对数成反比。

3)调速

①变极对数调速方法

这种调速方法是用改变定子绕组的接线方式来改变笼型电动机定子极对数达到调速目的,特点如下:具有较硬的机械特性,稳定性良好;无转差损耗,效率高;接线简单、控制方便、价格低;属有级调速,级差较大,不能获得平滑调速;可以与调压调速、电磁转差离合器配合使用,获得较高效率的平滑调速特性。

②变频调速方法

变频调速是改变电动机定子电源的频率,从而改变其同步转速的调速方法。变频调速系统主要设备是提供变频电源的变频器,变频器可分成交流—直流—交流变频器和交流—交流变频器两大类,目前国内大都使用交—直—交变频器。其特点:效率高,调速过程中没有附加损耗;应用范围广,可用于笼型异步电动机;调速范围大,特性硬,精度高;技术复杂,造价高,维护检验困难。本方法适用于要求精度高、调速性能较好场合。

5.1.2 冷机 PLC、群控 PLC 的网络结构

冷水机组自带电控柜,实现冷水机组的各类故障保护与报警功能,以及自身参数显示功能等,冷水机组电控系统网络结构如图 5-2 所示。

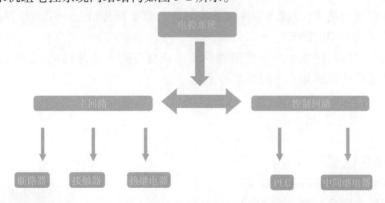

图 5-2　冷水机组电控系统网络结构图

水泵、水塔、水阀的自动控制由冷水机组控制柜实现(即其 I/O 点被纳入机组 PLC),群控系统 PLC 柜仅作为公共管路上压力、流量、温度的检测和压差控制,水泵及水塔用电量测量,冷水系统信号和数据汇总、显示及与 BAS 系统通信,以及冷水机组启停控制和倒切控制。

群控 PLC 控制柜上配置显示界面,显示直观。控制器主要由机架、电源模块、CPU、微存储卡、数字量输入/输出模块、模拟量输入/输出模块、通信模块等组成(如图 5-3 所示)。

冷水系统的状态数据以 PROFIBUS 主站的模式实时读取。数据内容包括(对应数据

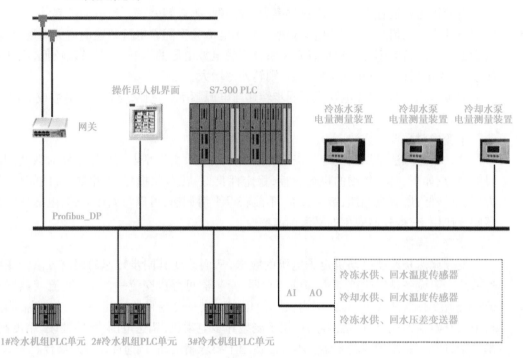

图 5-3 群控系统网络示意图

点表):冷水机组状态数据,冷却水泵及阀的运行状态及数据,冷冻水泵及阀的运行状态及数据,冷却塔风机及阀的运行状态及数据。

群控器在读取每套冷水系统(1 台冷水机组+1 台冷冻水泵+1 台冷却水泵+1 个冷冻水阀+1 个冷却水阀+1 个冷却塔风机+1 个冷却塔水阀)数据的同时,还要接受上一层通信系统读取数据的请求,将读得的冷水系统的所有数据都传给上一层的控制系统(BAS),采用的协议是 CONTROLNET。

另当群控器与任意一冷水机组通信故障或自身有一定故障时,在通信条件允许的情况下应将通信故障通知上一级的监控系统。

5.1.3 变频多联机

1)多联机概要

①变频多联机空调系统定义

多联机空调系统即变制冷剂流量系统,亦称 VRV 系统。系统结构上类似于分体式空调机组,采用室外机(组)对应一组室内机组,控制技术上采用变频控制方式,按室内机开启的数量及工况参数控制室外机内的全直流无刷涡旋式压缩机的转速,进行制冷剂流量及其他部件的控制,从而达到对温度、风速等空调参数的控制。以美的变频多联机机型为例(如图5-4所示)。

图 5-4 美的变频多联机外观效果图

②美的变频多联机机型介绍

a. 室内机的使用环境要求

不同款式的内机适用于不同的环境；

不同款式的内机其安装方式不相同；

T1 表示高静压,需要接较长距离的风道；

T2 表示中静压,需要接较短距离的风道；

T3 表示低静压,不能接风道；

Q4 表示四面出风；

DL 表示座吊两用式,可摆在地上也可吊在天花板上；

G 表示挂壁。

b. 室内机主要特点

通过内机能力码设定内机能力,内机的地址设定 0~63；

同一系统中的内机地址不能重复；

内机具有集中控制功能,可以通过集中控制器对其进行集中控制；

通过电子节流部件进行节流；

通过显示灯或数码显示管报故障保护；

集控、可线控、可遥控。

c. 多联机的网络控制系统图(图 5-5)

实现多达 1 024 台内机的远程控制；

通过计算机实现参数设定、空调状态查询等功能；

拥有精确的独立计费功能；

通过互联网远程监控机组运行,及时维护。

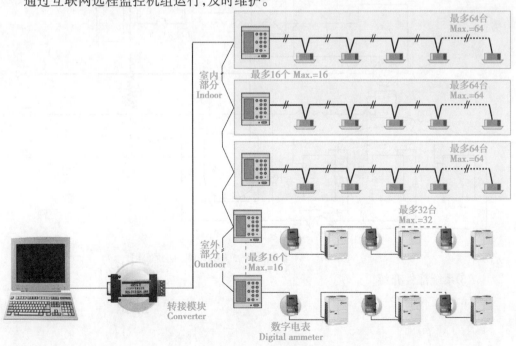

图 5-5　多联机网络控制系统图

③变频多联机特点

a.全直流:直流压缩机,直流风扇电机;

b.风道系统全面优化:风量更大,噪声更小;室外机可接导风管,适用场合更广;

c.管路简化:降低重量,取消气平衡管,简化安装,加强维修便利性。

④多联机制冷系统原理

热工角度分析为近似的逆卡诺循环,如图5-6所示,V4制冷系统原理如图5-7所示。

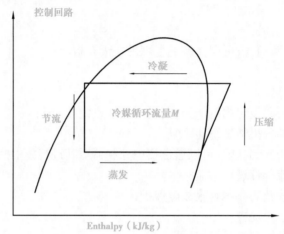

图5-6　逆卡诺循环图

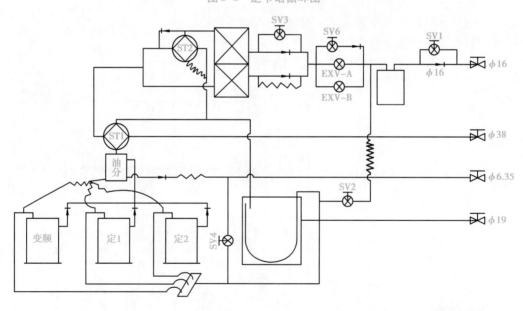

图5-7　V4多联机室外主机管路系统原理图

⑤系统部件介绍

a.电磁阀部件

电磁阀部件介绍

序号	设备名称及作用	设备图例	设备运行状态
a	SV1（多联时用于关断冷媒）	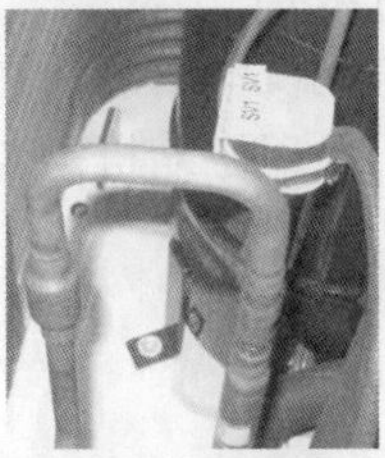	室外机处在运行状态,则对应 SV1 开启,室外机处在停机状态,则对应 SV1 关闭
b	SV2（喷液冷却压缩机）		任意排气温度在 105 ℃（V4-100 ℃）以上都要求开启
c	SV3（制热时改变换热器大小）		制热时在内机 T2 平均大于 45 ℃ 时关闭,其余任何时候开启
d	SV4（用于油平衡）（只限 V3、V4）	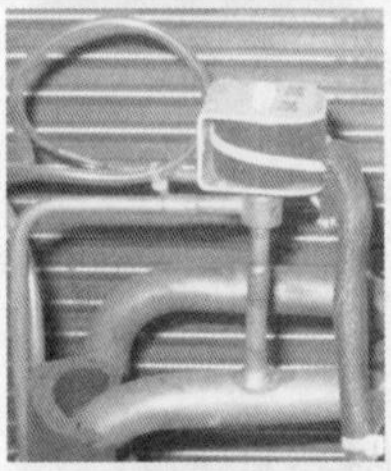	在变频压缩机开启 5 min 后开启,每 20 min 循环一次,不开的从机不打开 SV4
e	SV5（快速化霜用）		制热化霜过程中开启,加快化霜速度,其他时候关闭
f	SV6（制冷时调节冷媒流量）		制热或停机时关闭。制冷时,压缩机启动 10 min 内开启,10 min 后根据排气调节,当排气温度大于 90 ℃ 时,立即开启。强制制冷时也会开启

b. 四通阀部件

ST1：制冷时关闭,制热时开启。

ST2（制冷时改变换热器大小）：制热时关闭,制冷时,在变频压缩机开启 3 min 内不开启,之后会在能力需求>12 时关闭,在能力需求≤12 时开启;制冷时,可以听到四通阀换向的声音。

c. 油分离器(如图 5-8 所示)

离心式油分离器,将随压缩机排出的油迅速分离,分离效果高达 99% 以上。及时有效地把油输送回各个压缩机内,保证压缩机需要的油量。

图 5-8　离心式油分离器

图 5-9　气液分离器

d. 气液分离器(如图 5-9 所示)

大容量设计,能够更多地储存系统里的冷媒,还能更好地避免发生液击。

e. 单向阀(如图 5-10 所示)

单向导通制冷剂,控制制冷剂流向。

f. 室外机配管及安装

室外机主配管原理图如图 5-11 所示。

图 5-10　单向阀

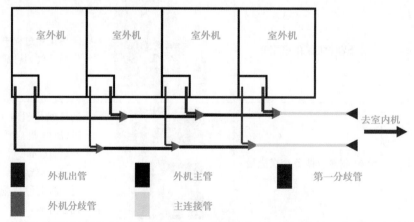

图 5-11　室外机主配管原理图

室外联机图如图 5-12 所示。

全直流变频 V4 系统中,有油平衡管。独立式只有一个模块,油平衡管必须密封。

室外机安装基础要求:室外机基础应是钢筋混凝土,表面应水平。基础周围应设置排

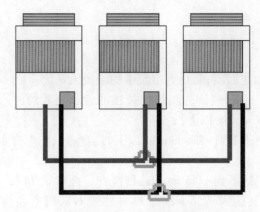

图 5-12　室外联机示意图

水沟,以排出设备周围的积水。当基础筑在屋顶面时,不需要碎石层,应检查屋面的承受力,确保荷载能力。

室外机安装位置要求:

- 室外机的噪声及排风不应影响到邻居及周围通风;
- 室外机安装位置应尽可能离室内机较近的室外,通风良好且干燥的地方;
- 应安装于阴凉处,避开有阳光直射或高温热源直接辐射的地方;
- 不应安装于多尘或污染严重处,以防室外机热交换器堵塞;
- 不应将室外机设置于油污、盐或含硫等有害气体成分高的地方。

室外机安装要点:

- 机组与基础间应按设计规定安装隔振器或隔振垫;
- 室外机与基础之间接触应紧密,否则会产生较大的振动和噪声;
- 机体本身要有可靠的接地;
- 在没有调试前,禁止将室外机气、液管的阀门打开;
- 安装地点要保证有足够的维修空间。

g. 室内机配管及安装

室内机安装要点:

室内机安装必须调平,水平度保持在±1°之内,减少运行中产生的噪声,避免冷凝水由接水盘中溢出;

悬挂吊杆必须能够承受室内机的 2 倍重量,若吊杆长度超过 1.5 m 时,须使用三角固定,保证机组运转不会发生异常的振动和噪声;

保持足够的维护保养空间,预留检修口为 450 mm×450 mm 以上;

室内机确保有合适的冷凝排水管安装空间;

室内机与天花板配合严密,离顶距离确保在 600 mm,内机机体不能与其他物质接触;

应确保送、回风通畅,防止气流短路;

室内机吊装完毕必须封尘处理,避免装潢时气味和灰尘进入室内机内部,导致首次开机会有异味和灰尘吹出,同时灰尘堆积在室内机热交换器上,会影响换热效果;

室内机吊装必须采用双螺母在螺杆下端加以固定,保证室内机吊装牢固;如采用单螺母固定,会导致室内机有可能在运行过程中发生松动,引起噪声或造成其他故障;

要确保机器送风落差高度符合要求;

室内机严禁安装在机房里面。

2）系统调试

①抽真空

a.真空泵必须加止回阀，防止真空泵中的油流入系统；

b.真空干燥（第一次）将压力测量仪接在液管和气管的注入口，将真空泵运转 2 h 以上（真空泵应在-756 mmHg 以下）；

c.若抽吸 2 h 仍达不到-756 mmHg 以下时，管道系统内有水分或有漏口存在，这时要继续抽吸 1 h；

d.若抽吸 3 h 仍达不到-756 mmHg，则检查是否有漏气口；

e.真空放置实验：达到-756 mmHg 即可放置 1 h，真空表指示不上升为合格，指示上升，表示内有水分或有漏气口；

f.抽真空操作从液管和气管两方同时进行抽吸。

②冷媒充注与追加量

a.追加冷媒只是根据室内、外机液管的连接长度和管径来计算冷媒的追加量；

b.绝对不能以运转电流、压力、温度等来计算。因为根据气温、配管长度的不同，电流、压力等是要变化的。

冷媒追加量如表 5-1 所示。

表 5-1　冷媒追加量参考对照表

液管管径（mm）	R22	R410A
	1 m 管长相当的冷媒追加量/（kg·m^{-1}）	1 m 管长相当的冷媒追加量/（kg·m^{-1}）
ϕ6.4	0.03	0.023
ϕ9.5	0.065	0.06
ϕ12.7	0.115	0.12
ϕ15.9	0.19	0.18
ϕ19.1	0.29	0.27
ϕ22.2	0.38	0.38
ϕ25.4	0.58	0.52
ϕ28.6	0.76	0.68

3）开机调试

①单机调试

每个独立的制冷系统（每台室外机）都必须进行试运转。

②试运转检测的内容

a.机组中的风机，叶轮旋转方向正确、运转平稳、无异常振动与声响；

b.制冷系统及压缩机运转有无异常噪声；

c.检查室外机，看室外机能否全部检测到每一台室内机，直至检测到为止；

d.排水是否畅通，排水提升泵是否能够动作；

e.微电脑控制器是否动作正常，有无故障出现；

f.工作电流是否在规定范围内；

g.各运行参数是否在设备允许范围内；

h.在进行试运转时,应对制冷和制热两种模式分别进行测试,以判断系统的稳定性及可靠性。

③联机试运转

a.通过单机试运转,检查并确认单台机组运行没有问题后,才可以开始联机运行,即多系统的调试;

b.调试的内容通常按照产品的技术要求进行,并对运行状况进行分析、记录,以便了解整个系统的运行状况,方便维护和检修。

5.1.4 通风空调工程施工规范与验收规范

1)环控专业施工工艺

环控专业施工工艺流程,如图5-13所示。

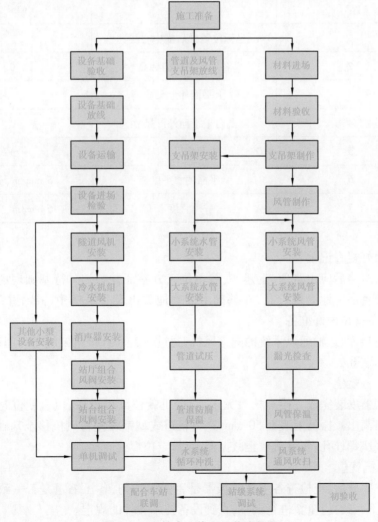

图5-13 环控专业施工工艺流程图

2）环控专业的施工要点

①风机

a. 隧道风机安装

隧道风机属于大型轴流风机类，其直径约为 2 000 mm，质量为 2 500 kg 左右，是地铁机电安装工程中体积大、质量大的设备，风机主要安装在车站站厅、站台的隧道风机房内，用于车站隧道和区间隧道的送排风。由于是整体设备安装就位，其施工工艺较简单，但由于地铁施工场地狭小，因此其吊装运输难度较大。

b. 施工方法

设备安装前应会同监理、土建施工方等单位一起根据设计图纸和规范对基础进行复测验收，检查的主要项目有：基础表面有无蜂窝、空洞；基础标高和平面位置是否符合设计要求；基础形状和各部主要尺寸、预留孔的位置和深度是否符合要求。风机基础的允许偏差如表 5-2 所示。

表 5-2　风机基础的允许偏差表

序号	偏差名称	偏差值/mm
1	坐标位置（纵、横中心线）	20
2	各不同平面的标高	0、-20
3	上平面外形尺寸	±20
4	凸台上平面外形尺寸	0、-20
5	凹槽尺寸	+20、0
6	平面的水平度	5 mm/m、全长 10 mm
7	垂直度	5 mm/m、全长 10 mm

c. 做好复查记录

验收合格后应由监理、土建、安装单位三方签证并归档。待基础现场打扫干净，根据设计和设备底座地脚螺栓孔，在基础上准确地放出设备纵横中心线，并放出减振器定位线，为设备就位做好准备。

d. 备出库、运输通风系统的隧道风机，通过轨道车直接运到隧道区间风机房或车站内站台的吊装孔处。

e. 设备就位

减振器安装完成并检查核对无误后，便可就位风机设备，风机就位时，用千斤顶将设备顶起略高出减振器上表面 50 mm，通过轨道或型钢缓慢将风机移至基础上，对准减振器和设备底座螺栓孔，将风机放至减振器上，拧定位螺栓。

f. 风机就位

工作完成后，应检查各承载减振器是否受力均匀，各压缩量是否一致，是否有歪斜变形，如有不一致，应重新进行调整，直到设备技术文件的规定。

②水泵安装

冷冻、冷却水泵设备到货时为整体供货,由于该设备体积较小,质量相对较轻,安装时搬运和调整都比较方便,但在安装时必须注意以下几点:

a. 水泵基础经复查必须达到设计及规范要求。应会同监理、土建施工方等单位一起根据设计图纸和规范对基础进行复测验收。

b. 水泵吊运时,捆绑绳索应置于泵与电机的两端,切不可置于电机吊环和水泵的轴上。正确的吊运如图 5-14 所示。

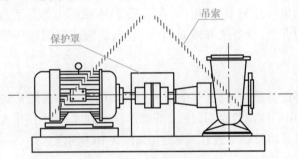

图 5-14　水泵电机吊装图

c. 水泵的减振器与减振台架应先放置在基础上,并调整其台架上表面的水平度使其达到设计要求。

d. 泵就位于台架上后,应检查台架下减振器受力是否均匀,压缩量是否一致,如不一致,应重新设置减振器的位置。

e. 水平度的调整,应用水平仪在水泵的轴上或在水泵出口的法兰上。其纵、横向水平度应符合设备技术文件的规定,当无规定时,纵向安装水平偏差不大于 0.1/1 000;横向水平偏差不大于 0.2/1 000;

f. 检查并调整电机轴与水泵轴的同轴度,用百分表在联轴器上测量两轴的径向及角向位移,调整电机轴使其达到规范要求。

g. 在安装就位调整完毕后,再固定好水泵底座导向块。

h. 联轴器处必须设置保护罩,以避免不小心伤及操作人员。

i. 水泵与管道的连接处必须设置防振橡胶接头,严禁钢管与水泵直接强行连接,水泵进出水管处必须设置固定支架。

③冷水机组安装

冷水机组运到现场时是整体设备,其质量及外形尺寸相对较大,在安装就位时吊运难度较大。

a. 安装工艺流程

冷水机组安装工艺流程如图 5-15 所示。

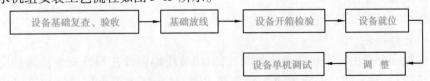

图 5-15　冷水机组安装工艺流程

b.施工方法

基础复查、验收：设备安装前应同监理、土建施工方等单位一起对基础进行复查验收，复查基础的外观质量、几何尺寸、纵横中心线、标高、上表面平面度、地脚螺栓孔尺寸等是否符合设计要求，做好复查记录，验收合格后应由监理、土建、安装单位三方签证并归档。

c.基础放线

基础现场打扫干净，在基础上放出设备的纵横中心线，并在附近定出标高基准点。

d.开箱检查

检查设备的出厂证明书、装箱单、合格证、技术说明书等是否齐全，对照装箱单查对所供的零配件是否齐全，设备的外观是否有损伤、锈蚀或保温破坏等现象，做好检查记录并签字归档。

e.设备就位

用千斤顶将设备顶起，高出基础上表面约 50 mm 后，在设备底座下垫排子（自制的专用工具）、滚杠，用手拉葫芦牵引，使设备缓慢移动到基础上方并大致对准纵横中心线，最后拆掉滚杠和排子将设备放置在基础上（如图 5-16 所示）。

f.设备调整

安装就位后，应对设备进行精调，用千斤顶微调其纵横中心线，在设备底座下减振器安装位置处垫薄铜片调整设备的水平度。其允许偏差应符合设备技术文件的规定，如无规定时，中心线偏差为 ±0.5 mm，纵横向安装水平度均不应大于 1/1 000，并应在底座或与底座平行的加工面上测量。

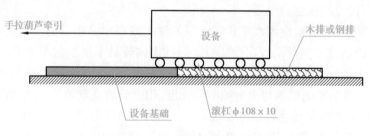

图 5-16　设备运输安装

④组合式风阀安装

在通风空调系统中，存在着几何尺寸较大的风井、风道，系统运行时，不同的运行工况，需要不同的风量甚至关闭相应的风道，为了达到不同的运行条件，在这些风道中设置了不同规格的组合式风阀，以用来进行控制系统的新风调节、混风调节以及排风调节等。组合风阀的结构特点是由底框架、单体式风阀、执行器和传动机构四部分组成的，执行器可通过连杆机构带动阀片做 0° ~ 90° 范围内往复运动，完成启闭动作，达到控制气流的目的。结构简图如图 5-17 所示。

a.安装工序流程

组合式风阀安装工序流程如图 5-18 所示。

b.底框组装

底框部分是由若干小框架连接而成的，组装场地应选在靠近安装位置的附近地面上，场地应打扫干净，凹坑处应用薄木片支垫水平，然后将各个小框架逐块连接成一个整体，并拉粉线检查框架的对角线、工作面的平面度，其偏差值应符合设备技术文件的规定。组

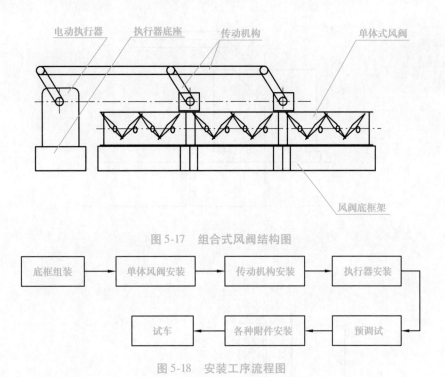

图 5-17　组合式风阀结构图

```
┌──────────┐   ┌──────────────┐   ┌──────────────┐   ┌──────────────┐
│ 底框组装 │──▶│ 单体风阀安装 │──▶│ 传动机构安装 │──▶│ 执行器安装   │──┐
└──────────┘   └──────────────┘   └──────────────┘   └──────────────┘  │
                                                                        │
┌──────────┐   ┌──────────────┐   ┌──────────────┐                      │
│ 试车     │◀──│ 各种附件安装 │◀──│ 预调试       │◀─────────────────────┘
└──────────┘   └──────────────┘   └──────────────┘
```

图 5-18　安装工序流程图

装过程中若遇到小框架几何尺寸与设计不相符,则应经设计和监理部门批准才能在现场修改。

c. 单体风阀安装

单体风阀安装应按设备技术文件提供的传动支撑位置打孔图进行,先在各支撑点和风阀连接中加入内藏式限位支撑并和底框连接在一起。

内撑安装在左右槽钢中间位置,用 M6×12 的螺钉紧固在左右槽钢中间,装配时先把内撑和底框之间的螺栓拧紧,然后把节点按传动中所示的位置安装好;限位块也是安装在左右槽钢之间,装配时可先安装一边支撑板,用螺钉将支板和槽钢以及限位块联结好,然后在另一侧单个风阀安装好后,再安装另一侧支撑板;最后安装轴及摇臂,注意调节螺钉的松紧,以便使轴转动灵活,个别不能灵活转动处,可用绞刀绞制两支撑板的孔,直至轴穿上并转动灵活为止(如图 5-19 所示)。

装好内撑及限位块后,即可拧紧所有的底框螺栓。螺母及压板应先安装在单体风阀上而不拧紧,待对准其孔后(用小圆钢调整)最后拧紧。如果螺母压板太长,安装时不易放入两阀体槽钢之间,可在现场根据实际情况将螺母压板截短,进行安装。单个风阀全部安装紧固后,便可安装电动执行器,执行器有两种安装方式,一种是风阀水平安装形式;另一种是风阀垂直安装形式。

d. 传动机构安装与调试

根据设备技术说明书,在安装固定好的风阀接缝处用盖板盖好,钻孔并用拉铆钉固定死,用固定叶片夹具把叶片固定在全开的位置上,然后依次安装接点、下拉杆、小摇臂、双摇臂、传扭轴、万向节以及联轴器等传动零部件。安装完成后,全面检查各连接处的螺钉、销钉、铆钉是否都紧固可靠,最后便可进行单机调试。运行准备:运行前应仔细检查框架的固定是否牢固可靠;仔细检查运动件及支撑件是否安装牢固;仔细检查风阀

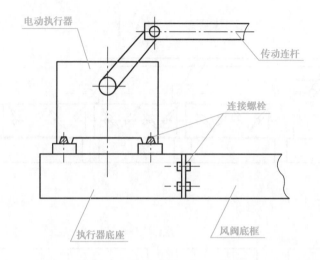

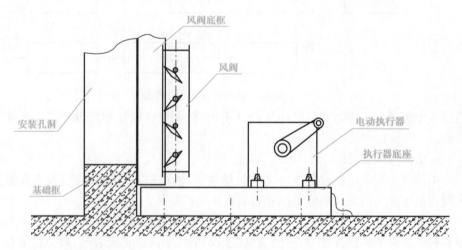

图 5-19　风阀部件组装图

与框架的联结是否牢靠;仔细检查组合风阀周围有无影响运动的障碍物。运行由电控部分送电,由现场手操器进行操作。启动风阀,检查阀片的动作与开启指示灯是否一致;检查阀片运行时有无异常响声。关闭风阀,再检查阀片动作与关闭指示灯是否一致;阀片与阀体有无变形;如果一切正常,再在一小时内进行十次启闭动作,并在阀片全开和关闭位置时调整好设置在电动执行器上的限位开关。运行完成后,将现场操作切换至控制室操作。

⑤风管的施工方法

a. 基本要求

材料:风管材料选用镀锌钢板、冷轧钢板,根据风管的大边尺寸及其作用于送风或是回/排风、排烟的不同,板材的厚度也不同,详见设计或招标文件要求。钢板选用如表 5-3 所示。

加工场地:风管的制作加工场地设置地下负一层(站厅层)专门的铆工制作棚中进行,制作棚设置制作平台,所有的风管制作均需要在平台上进行,以保证风管的制作精度。

表 5-3　风管材料厚度选用表

矩形风管大边长/mm	送风管钢板厚度/mm	回/排风管钢板厚度/mm
$b \leq 320$	0.5	0.75
$320 < b \leq 450$	0.6	0.75
$450 < b \leq 630$	0.6	0.75
$630 < b \leq 1\,000$	0.75	1.0
$1\,000 < b \leq 1\,250$	1.0	1.0
$1\,250 < b \leq 2\,000$	1.0	1.2
$2\,000 < b \leq 4\,000$	1.2	按设计要求

注:表中 $\delta \leq 1.2$ mm 时,选用热轧镀锌钢板; $\delta \geq 1.5$ mm 时,选用冷轧钢板。

b. 风管制作

对于镀锌板风管的制作,其规格多、工作量大,为了节约成本,提高工作效率,不仅要对图纸进行仔细完全的消化,而且在购料前还要考虑到材料的合理利用,为此,采用定尺购料,以便在现场少拆料、少剩边角料,如图 5-20 所示。

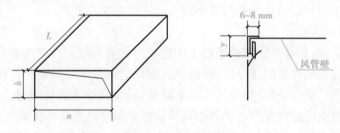

图 5-20　风管下料图

要制作的风管的截面尺寸为长×宽×高 $= L \times a \times b$,那么板材的定尺公式为:

$$L \times B = L \times [2 \cdot (a+b) - (8\delta + 4\chi) + 4y]$$

式中: L 为定尺板长度, B 为宽度, δ 为板厚, χ 为风管负偏差, y 为风管咬口宽度。

定尺板料完成后,便可进行风管的成型制作,先将板料在咬口机上折边,然后再画线进行折方,最后合缝成型。一般,风管壁厚小于 1.2 mm、截面大边尺寸小于 1.5 m 的,均采用一条合缝,并采用联合角咬口。单节风管在上法兰之前,必须检查截面尺寸,防止风管的扭曲,否则组对后会产生风管的整体扭曲。风管法兰之间的连接,对于镀锌板风管,采用翻边铆接。

风管的翻边宽度应为 8 ~ 10 mm,不允许超过连接螺栓孔,所用铆钉必须符合设计或规范的规定,以保证法兰的连接强度,铆钉间距为 100 ~ 150 mm。必须注意,风管两片法兰应保证平行,且垂直于风管的轴线;风管翻边应平整,有裂缝的地方应用锡焊。

为避免矩形风管变形和减少系统运行时管壁振动而产生噪声需进行风管加固,当矩形风管大边长不小于 630 mm 时、保温风管大边长不小于 800 mm 时、风管长度在 1 000 ~ 1 200 mm 以上时,均应采取加固措施,用角钢加固,以保证风管壁的强度。

镀锌风管法兰及加固若采用铆接,法兰及铆钉的规格选用应符合设计或招标文件的规定,如表5-4所示。

表 5-4　镀锌风管法兰及铆钉选用规格表

风管大边长/mm	角钢法兰规格/mm	铆钉规格/mm
200～400	L25×3	$\phi4×8$
400～630	L25×3	$\phi4×8$
630～1 250	L30×4	$\phi5×10$
1 250～2 000	L40×4	$\phi5×10$

风管加固间距:风管大边长在630～800 mm 时,加固间距为1 000～1 200 mm;风管大边长≥1 000 mm 时,加固间距为700～1 000 mm。

对于冷轧板风管,应采用折方成型,角焊合缝,由于风管的截面尺寸较大,为避免焊接变形,采用对角两条角焊缝,应注意焊接时由两名焊工同时进行,并采用跳跃对称焊接的方法,控制焊接变形。

冷轧板风管与法兰的连接方式与镀锌风管的连接基本相同,只是将铆钉连接,改成法兰与风管的段焊连接。应采用翻边断焊连接,而不采用法兰与风管连续周边焊连接,这样可以消除由于板材较薄法兰角钢较小而引起连续焊接热变形。

c.风管的吊装

风管吊装前,其单节之间的组对工作也极为重要。组对前应先确定风管的组对场地,一般选在风管安装位置的正下方,以避免组对好的风管来回搬运所产生的变形,组对现场必须打扫干净。最后,将合格的风管运至现场,按编号顺序进行组对。连接时送风管所采用的法兰密封垫应选用橡胶片,回/排风管及排烟风管法兰垫片应采用耐热橡胶垫片。

根据地铁施工的特点,由于其施工空间小,管道交叉多,因此风管的吊装采用常规的方法是不可行的。由于此风管安装位置紧贴屋顶结构层,且大量的需要保温,如果分段吊装,不仅各段之间的法兰处上侧螺栓不能联结拧紧,特别是 OTE 风管长边2 500 mm(或3 150 mm)太长,顶上的空间很小,如果在上面去连接,保证不了风管的密封性,而且保温风管上面的保温质量也达不到要求。所以本方案采用全长风管(站厅层或站台层风管)整体吊装,风管的连接在地面进行,其法兰连接螺栓靠地面的一侧,等到风管吊离地面1.5 m 左右进行施工操作,但其他三面的螺栓都可以在地面全部拧紧,当风管的四边螺栓都穿连并拧紧完成后,这时的高度应保持在1.5 m 左右,并进行保温。待风管保温工作完成后,缓慢均匀地将风管吊装到所需要的高度,这样吊装,风管的密封性和保温的内在质量等都能达到设计和规范的要求。必须注意:因风管的截面尺寸大而壁厚较薄,整体吊装一定要控制各吊点的均匀受力,以避免产生变形。吊点的布置示意如图5-21所示。

根据风管的总质量,计算出吊点的数量(组数),选用起吊机具的型号,其吊点的间距为6～8 m,起吊后,每升高0.5 m 检查一次风管的水平状态,各吊点的受力是否均匀,并及时调整各点的受力和起升高度,整个过程必须有专人统一指挥。

风管吊架结构及设置:该系统风管均为矩形风管,并安装于站厅、站台的屋面下方,风管吊架采用双吊杆结构,托铁采用角钢制成,托铁上穿吊杆的螺栓孔距离应比风管

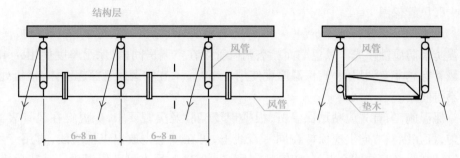

图 5-21 风管吊装图

宽 60 mm(每边宽 30 mm),如果是保温风管,则吊杆螺栓孔距应比风管宽 100 mm(每边宽 50 mm),为了便于调节风管的标高,在吊杆的下端部应套有 50~70 mm 的丝扣,吊杆的上端应直接焊在屋面下的预埋钢板上,如果未设有预埋钢板,应在吊杆的上端焊接角钢并用膨胀螺栓固定在屋面下;吊架的设置应根据风管的中心线,找出吊杆的敷设位置,即按托铁的螺栓孔间距或风管中心线对称安装,成批吊架应排列整齐,在预埋有混凝土钢筋时,可进行局部的调整,但不应影响外形的美观。吊杆的结构如图 5-22 所示。

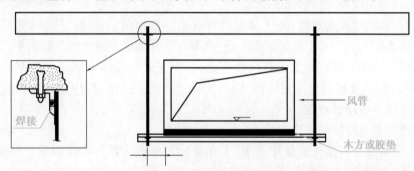

图 5-22 吊杆结构示意图

吊架材料的选用应符合设计、规范及招标文件的规定,如表 5-5 所示。

表 5-5 吊架材料规格选用表

风管类型 风管规格	非保温风管				保温风管			
	吊杆直径/mm	托铁角钢	膨胀螺栓规格	吊架间距/mm	吊杆直径/mm	托铁角钢	膨胀螺栓规格	吊架间距/mm
≤200	10	∟25×25×3	M12×100	3.0	10	∟30×30×3	M12×100	3.0
200~500	10	∟25×25×3	M12×100	3.0	10	∟30×30×3	M12×100	3.0
560~1 120	12	∟30×30×4	M12×120	3.0	12	∟45×45×4	M12×120	2.5
1 250~1 500	14	∟40×40×4	M14×120	2.5	14	∟50×50×4	M16×140	2.5
1 500~2 000	14	∟56×56×4	M14×120	2.5	16	∟63×63×4	M16×140	2.0
2 100~3 000	18	∟63×63×5	M16×140	2.5	18	∟63×63×5	M16×140	2.0

d. 风管保温

风管的保温材料选用 $\delta=40\sim50$ mm、容重为 48 kg/m³ 的风管用玻璃棉板,外贴 W38 特强防潮防腐蚀半光泽黑色贴面。空调风管设在空调房间内,保温厚度使用 $\delta=40$ mm;空调风管穿越非空调房间内,保温厚度使用 $\delta=50$ mm,在空调风管穿越墙体、楼板处,其保温层不得间断。

保温施工,首先应粘贴保温钉,根据现场经验及美观要求,保温钉在风管表面须布置均匀,且在纵横方向上应保持在同一直线上,可在壁上先放出纵横直线,再用专用胶水将胶钉粘在纵横直线的交点处,胶钉粘完后,一般 24 h 后方可贴保温棉。其数量应满足:底面不少于 16 个/m²,侧面不少于 12 个/m²,顶面不少于 8 个/m²。首行保温钉距风管或保温材料边沿的距离应小于 120 mm。

保温时应根据材料的供货尺寸以及风管的周长,将保温材料裁成所需要的尺寸,沿风管一周包扎,并在风管的上侧留一条合缝,用铝箔胶带粘牢。

保温层沿风管纵向,严禁跨法兰连续整体包扎及在加固角钢或法兰连接处,保温层必须断开,并紧贴管壁及法兰角钢,不许有间隙存在,且在此断开处多贴一层宽约 200 mm 的保温棉,以避免产生冷桥而损失冷量。

风管穿墙、楼板的封堵:施工前保持所有的连接面清洁、完好、干燥、无霜冻。根据风管与墙体之间的间隙选用合适的 IBS 条,在 IBS 条外侧填充防火胶与墙面平。在风管的周围紧靠墙的两侧安装轻钢龙骨与风管固定,轻钢龙骨与墙体不固定。保温的风管过墙用 9～12 mm 的防火板外包保温材料,轻钢龙骨只与防火板连接,防止自攻螺丝与内风管壁面直接接触产生冷桥现象。

e. 管道系统的循环冲洗和排污(按系统冲洗)

冲洗、清洗应根据管道使用要求,工作介质及管道内脏污程度而定。冲洗、清洗一般是按主管、支管,疏排管的顺序依次进行。

冲洗前的准备:将系统内的仪表加以保护,并将孔板、滤网、节流阀及止回阀芯拆除,妥善保管,待冲洗合格后复位。不允许将冷水机、组合空调机、柜式空调机、风机盘管等设备接入冲洗管路,应采用不小于被冲洗管道管径 60% 的临时旁通管将上述设备短接进行隔离,冲洗时末端管道接入临时排水管道(不小于被冲洗管径的 60%)和阀门。对管道支、吊架作必要的加固。

水系统冲洗采用开式循环,循环水通过冷却塔,边循环边检查水质的清洁度。

冲洗、清洗方法:向管网最高点(如膨胀水箱、冷却塔水盘等)或设定的补水点充水,系统最低点的所有排污、排水阀应全部关闭,系统高点的放气从低到高逐一打开,直至系统灌满水为止;当系统循环 2 h 左右,从系统的最低点开始排水。按上述方法反复多次,直到系统无脏物,清洗合格为止。

冲洗、清洗要求:冲洗时管内的脏物不得进入设备,由设备吹出的脏物也不得进入管道。水冲洗时应保证供水充足,排水畅通和安全,排水管应保证水能排入排水井或水沟中,其截面积不应小于被冲洗管道截面积的 60%。冲洗用水量应尽可能使管内达到最大流量,最低流速不小于 1.5 m/s。冲洗合格标准:当设计无规定时,以出口水与入口水色和透明度目测一致为合格。冲洗后排尽管内积水,必要时用压缩空气吹干或采取其他措施清除积水。对不能冲洗或冲洗后可能残存脏物的管道,用其他方法补充清理。冲洗、清洗合格后,填写《管道系统冲、清洗记录》,除进行规定的检查工作外,冲洗、清洗后不得再进行影响管内清洁的其他作业。

冷冻水循环冲洗系统图如图 5-23 所示;冷却水循环冲洗系统图如图 5-24 所示。

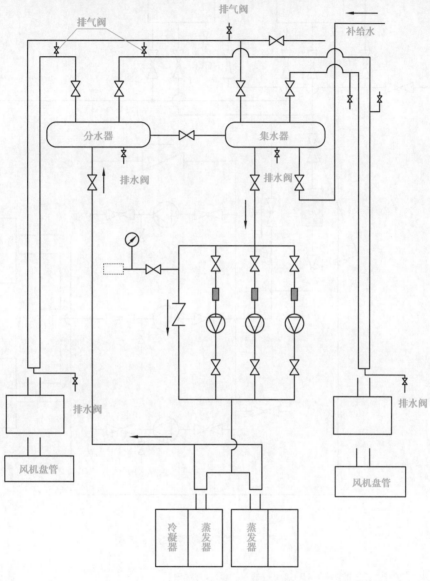

图 5-23　冷冻水循环冲洗系统图

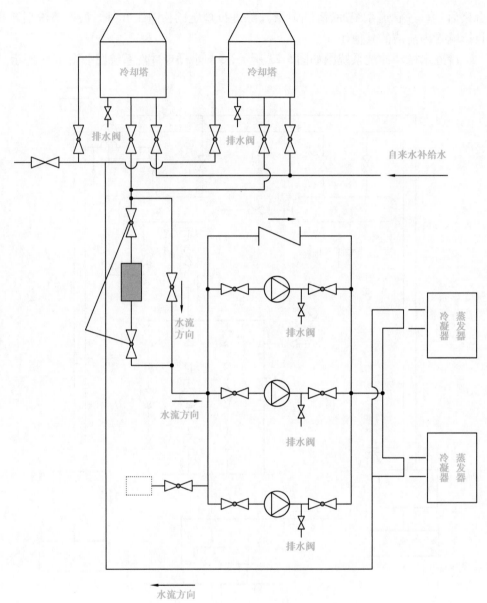

图 5-24　冷却水循环冲洗系统图

5.1.5　环控系统重点设备故障检查及处理

1)冷水机组

冷水机组重点故障处理如表 5-6 所示。

表 5-6　冷水机组重点故障处理

故障现象	故障原因	处理方法
1.冷机 排气压力高	(1)冷却水温度过高	参考冷却水温度过高处理方法
	(2)管路上的阀门问题	检查阀门是否开启到位,有无损坏

故障现象	故障原因	处理方法
1. 冷机排气压力高	(3)水泵问题	检查水泵是否开启,有无损坏
	(4)管路堵塞	检查管路是否堵塞
2. 冷机吸气压力低	(1)冷冻水泵问题	冷冻水泵未启动
	(2)冷冻水管问题	冷冻水管堵塞
	(3)管路上的问题	管路上蝶阀未开启
	(4)压缩机卸载阀不能正常卸载	检查并修复
	(5)供液量不足	检查阀门、管路是否有损坏或堵塞
	(6)调节马达损坏	检查并修复
	(7)液位传感器损坏	检查并修复
	(8)缺少制冷剂	添加制冷剂

2)空调机组

空调机组重点故障处理如表5-7所示。

表 5-7　空调机组重点故障处理

故障现象	故障原因	处理方法
1. 通电后电动机不转,然后熔丝烧断	(1)过电流继电器整定值太小	调节继电器整定值与电机配合
	(2)控制设备接线错误	校正接线
	(3)缺相启动,缺一相电源,或定子线圈一相反接	检查刀闸是否有一相未合好,电源回路是否有一相断线消除定子线圈反接故障
	(4)定子绕组相间短路通电后电动机不转,然后熔丝烧断	更换电机
	(5)定子绕组接地	消除接地,不能消除的应及时更换电机
	(6)电机负载过大或被卡住	将负载调至额定值,并排除被拖动机构故障
	(7)熔丝截面积过小	熔丝对电动机过载不起保护作用,一般应按下式选择熔丝,熔丝额定电流＝堵转电流/(2～3)即可
	(8)电源到电机之间的连接线短路或接地	检查短路或接地后进行修复
2. 运转时声音不正常	(1)电动机缺相运行	检查电气连接,排除缺相故障
	(2)轴承损坏和缺油	更换轴承或更换润滑油
	(3)定转子相擦	检查电动机定子内膛,有无漆瘤等杂物,检查后处理

续表

故障现象	故障原因	处理方法
3.振动异常	(1)电机或负载安装松动	检查并紧固底脚螺栓
	(2)联轴器或皮带轮偏心或平衡不好	校准偏心或重新平衡
	(3)轴伸出部分撞击后弯曲	更换转子或轴
	(4)转子平衡不好	重新平衡
4.轴承过热	(1)轴承损坏	更换轴承
	(2)轴承润滑脂充填量不当或润滑脂质量不好	更换润滑脂,润滑脂充填量为1/2~2/3
	(3)联轴器不对中心或皮带轮太紧	校准联轴器或者调整皮带轮张力
	(4)轴承室和轴承磨损引起走钢圈	更换已经磨损的端盖、轴或者转子
	(5)电动机装配不良	重新装配电动机

3)风机

风机重点故障处理如表5-8所示。

表5-8 风机重点故障处理

故障现象	故障原因	处理方法
1.风机的叶轮静、动不平衡	(1)轴与密封圈发生强烈的摩擦产生局部高热,使轴弯曲	更换风机轴承,并同时修复密封圈
	(2)叶片的重量不对称,或一侧部分叶片腐蚀,磨损严重	修复叶片或更换叶轮
	(3)风机叶片上附有不均匀的附着物,如铁锈、积灰或其他	对风机叶片进行清扫
	(4)风机叶轮上的平衡块重量和位置不对,或位置移动,或检修后未校正	对风机叶轮重新进行平衡校正
2.风机叶轮轴安装不当,振动为不定性的,空载时轻,负荷时重	皮带轮安装不正,皮带轮轴不平行	进行重新校正和调整
3.风机轴承安装不良或损坏	轴承与轴的位置不正,使轴承磨损或损坏	重新校正并更换轴承

故障现象	故障原因	处理方法
4.风机运行中风压过大,风量偏小	(1)风机叶轮旋转方向相反	调整叶轮旋转方向
	(2)进风管或出风管有堵塞现象	清理风管中的堵塞
	(3)出风管道漏风	检查处理或修补风管
	(4)叶轮入口间隙过大或叶片严重磨损	调整叶轮入口间隙或更换叶轮
	(5)风机轴与叶轮松动	检修紧固叶轮

4)冷却塔

冷却塔重点故障处理如表5-9所示。

表5-9 冷却塔重点故障处理

故障现象	故障原因	处理方法
1.冷却塔电流过大	(1)电机故障	修理或更换
	(2)轴承故障	更换轴承
	(3)出风量过大引起过载	调整叶片角度
	(4)供应电压过低	检查供应电源电压
	(5)缺相	检查电源相位
2.循环水温升高	(1)循环水量不够	调节管路阀门,调整至规定水量
	(2)风机风量不够	检查并调整皮带,调整风机叶片角度,检查电机是否故障
	(3)被排出的热空气再循环	改善通风环境
	(4)吸入空气少	改善通风环境
	(5)填料堵塞或变形	清理填料中堵塞杂物,修复或更换变形部分
	(6)播水系统不正常	清除淤塞杂物
3.循环水的减少	(1)底盆水位降低	检查调整自动补水、快速补水系统
	(2)过滤网堵塞	清扫
	(3)水泵水量不足	修理或更换
4.漂水现象	(1)循环水量过大	调挡水量
	(2)风量过大	调整风机叶片角度、减少风量
	(3)播水盆水量不均匀	清理播水盆及喷头
	(4)填料安装方向错误	重新调整方向安装
	(5)调料堵塞	清理填料
	(6)喷头松脱或损坏	更换喷头

5.1.6　变频多联机常见故障及处理方法

1)EO:室外机通信故障(仅从机显示)

多台室外机并联时,需要通过通信线将室外机的 H1、H2、E 相连,并给主机地址拨码拨 0,从机 1 拨 1,以此类推。所以室外从机报 EO 故障,一般有以下三个原因:

①通信线问题(通信线断开、未按要求串接、未使用三芯屏蔽线等);

②主机未上电,或主机故障;

③从机主板故障。

故障处理流程如图 5-25 所示。

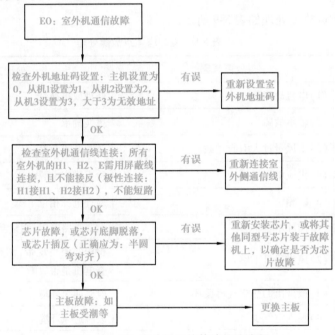

图 5-25　EO:室外机通信故障处理流程

2)E1:相序故障

压缩机输入端子分别为 U、V、W,对应三相电源的 A、B、C,以保证压缩机能够正常运转,避免反转等损伤压机的动作。所以室外机报 E1 故障,一般只需要将任意相邻两相交换即可;如果交换后,仍报 E1 故障,一般来说就是供电电源问题,大部分为缺相。

3)E2:室内机与主机通信故障(仅主机显示)

室内机定时灯快闪,外机点检内机台数减少或变化不定,某些内机不制冷(热)等。故障原因为内机地址码拨码重复、拨码不到位、误拨网络地址码,信号线星形连接、信号线质量不好、信号线过长或受到干扰信号,某处 P、Q、E 之间导通等。故障处理流程如图 5-26 所示。

4)E4:环境温度管温传感器故障

E4 指的是室外环境温度传感器 T4 或室外管温度传感器 T3 故障。

一般来说有两种原因:

①T4 或 T3 未插到主板相应插口;

②传感器组件本身故障(传感器组件线体损坏、传感器感温头损坏等)。

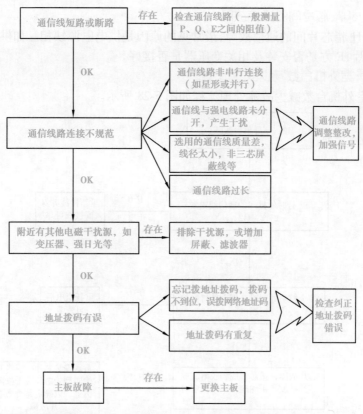

图 5-26 E2：室内机与主机通信故障处理流程

5）E9：电压故障

电压故障处理流程如图 5-27 所示。

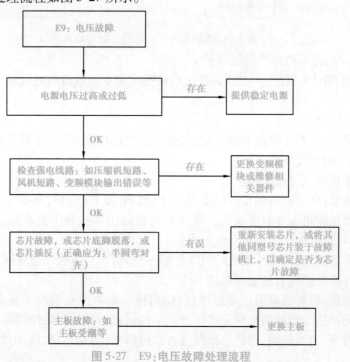

图 5-27 E9：电压故障处理流程

6）HO、H1：芯片间的通信故障

HO、H1 指芯片间的通信故障,最常见的原因是供电电源缺相。如供电电源无问题,再检查主芯片、E 方是否安装及相关变压器是否接好。

7）H2：室外机台数减少故障

H2：室外机台数减少故障处理流程如图 5-28 所示。

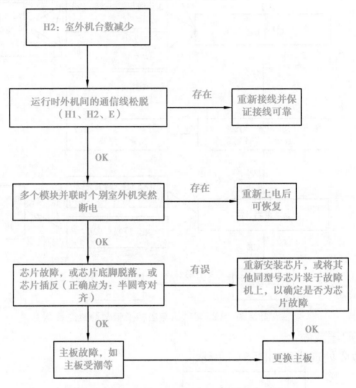

图 5-28　H2：室外机台数减少故障处理流程

8）P0、P4：压缩机排气高温保护

出现的 P0、P4 保护,一般原因是压缩机吸气量不够或没有吸气量,总结起来有以下四种原因:

①系统缺冷媒

表现症状:所有压缩机的顶部温度、排气温度都较高,回气管可能有结霜,排回气压力低、电流低。追加冷媒即可解决。

②压缩机回气管过滤网脏堵

表现症状:此压缩机的顶部温度很高,出现 P0 或 P4 保护,但排气温度并不高,其他的一台或几台压缩机顶部温度很低。原因是此故障压缩机吸不到冷媒,致使冷媒偏流至其他压缩机,导致其他压缩机吸气量过大。

解决方案:将此故障压缩机的吸气管焊一下,清理一下吸气过滤网。

③室外机总回气管过滤网有堵

表现症状:所有压缩机顶部温度过高,而排气基本没有温度和压力,制热时不能推动四通阀换向;气、液管两截止阀处的压力基本相同;总回气管自过滤器以后全部结霜。

解决方案:若是脏堵,清洗总回气管过滤网即可;若是冰堵,需用过滤器清除系统中的水分。

④压缩机回气管过滤网冰堵

表现症状：此压缩机的顶部温度很高，出现 P4 保护，但排气温度并不高，其他的一台或几台压缩机顶部温度很低；但停机重启后，水分可能又迁移到另一台压缩机回气过滤网处，导致 P0 或 P4 保护。

⑤解决方案

冰堵不是很严重的情况，可以用干燥过滤器清除系统中的水分。如果冰堵很严重，系统中水分较多，则用干燥过滤器，但基本很难除掉水分，彻底的解决办法是换掉系统中的含有水分的冷冻机油和冷媒，用干燥氮气吹洗系统。

9）P1：高压保护

P1：高压保护故障处理流程如图 5-29 所示。

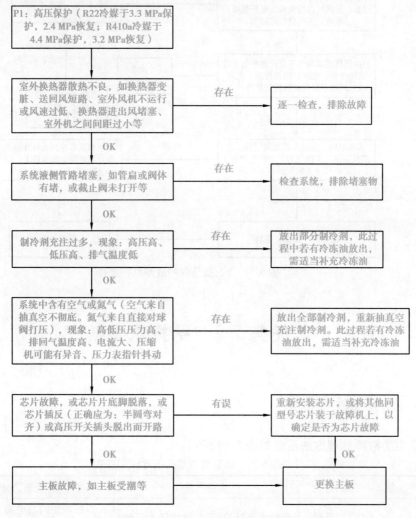

图 5-29　P1：高压保护故障处理流程

10）P2：低压保护

P2：低压保护故障处理流程如图 5-30 所示。

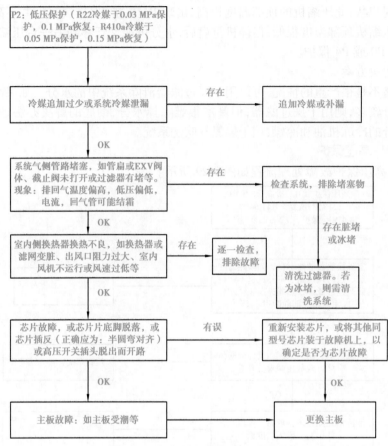

图 5-30 P2：低压保护故障处理流程

任务 5.2 给排水系统

5.2.1 水泵类故障处理

水泵类故障处理方法汇总如表 5-10 所示。

表 5-10 水泵类故障处理方法汇总表

故障现象	原因分析	检测方法	处理方法
1.流量或扬程下降	（1）泵反转	观察水泵叶轮,逆时针旋转为正转	关掉控制柜的总电源,调换任何二相电源线
	（2）装置扬程与额定扬程不符	同排除方法	重新计算装置扬程以确定水泵型号

故障现象	原因分析	检测方法	处理方法
1. 流量或扬程下降	（3）抽吸的介质走旁路	目测检查输水管路是否漏水导致抽吸介质走旁路	调整输水管路
	（4）出水管泄漏	目测检查出水管找出泄漏点	进行修正
	（5）出水管局部可能被沉积物堵死	目测检查出水管路是否被沉积物堵塞	清理或更换新的出水管
	（6）水泵流道堵塞	吊起水泵检查流道是否堵塞	清理流道,如果水泵放在滤网内,同样需要检查和清理
	（7）叶轮、密封环磨损	吊起水泵目测检查叶轮、密封环	按叶轮口环实际尺寸配密封环
2. 无流量	（1）气塞	同排除方法	连续打开和关闭阀门几次
			启动/停止泵几次,每次重新启动间隔时间不短于 10 min
			根据不同的安装方法,检查是否需要安装一个排气阀
	（2）水阀门阻塞	目测检查阀门是否打开、是否装反	如果阀门处于关闭状态应打开
			如果装反,应倒过来安装
	（3）泵反转	冲水泵吸入口观察叶轮,叶轮逆时针旋转为正转	关掉控制柜的总电源,调换任何二相电源线
3. 运行有杂音或振动	（1）安装系统基础强度不够或水泵安装不平	目测检查水泵固定基础是否松动	将基础加固,并将水泵固定
	（2）轴承磨损	拆开水泵叶轮并检查轴承是否磨损	更换轴承
	（3）叶轮松动或脱落	拆开水泵底座并检查叶轮是否松动	紧固叶轮
	（4）叶轮有杂物缠绕或堵塞	检查水泵叶轮是否有杂物缠绕或堵塞	清理流道
	（5）叶轮部分被杂物打碎或磨损	拆开泵底座检查叶轮是否损坏	更换叶轮
	（6）叶轮口环与密封环磨擦	检查叶轮转动时与密封环是否有摩擦	检查叶轮,校正转子轴平行度

续表

故障现象	原因分析	检测方法	处理方法
4. 水泵不能启动	(1) 无电源	用万用表检查控制柜是否有电源	通知低压配电专业
	(2) 电器失灵	用万用表检查控制箱电器元件	更换故障电器
	(3) 绕组、接头或电缆断路	用万用表检查绕组、接头和电缆是否断路	如果证明是断路,检查绕组、接线头和电缆
	(4) 水泵被堵塞	切断电源,将泵移出污水池检查是否被堵塞	清除障碍物,复位前须试用
	(5) 压差液位控制仪故障	用万用表检查液位压差控制器	更换故障元件
	(6) 缺相	用万用表检查线路	通知低压配电专业
5. 水泵运转中非正常停机	(1) 电压低	用万用表检查控制柜的电压	通知低压配电专业
	(2) 电压过高	用万用表检查控制柜的电压	通知低压配电专业
	(3) 短路	目测或用万用表检查熔丝或断路器	更换熔丝或断路器,查找故障元件
	(4) 控制柜故障	通知低压电器专业	进行修理或更换
	(5) KB0动作	合上KB0观察是否仍然脱扣,如继续脱扣,检查水泵电机是否过载或线路存在短路	更换过载或短路水泵电机
	(6) 缺相	用万用表检查线路是否缺相	通知低压配电专业
	(7) 长期超额定电流使用	用万用表检查线路电流是否在水泵额定功率两倍内	检查水泵是否空载或过载,清理堵塞管路
	(8) 在机壳底座盖板区域堆积了泥浆或其他沉积物	目测检查水泵机壳座盖板区是否堆积淤泥、杂物等	清理水泵和污水池
6. 水泵启停频繁或失灵	(1) 液位压差控制器设定范围过窄	同排除方法	使用编程器调整控制范围
	(2) 逆止阀故障,逆止阀不能止回,使液体倒流入污水池	拆下逆止阀检查是否堵塞	维修或更换
	(3) 液位控制器故障	用万用表检查液位压差控制器	如需要应给予更换

故障现象	原因分析	检测方法	处理方法
7.水泵不吸水，压力表指针在剧烈振动	（1）注入水泵的水不够	同排除方法	再往水泵内注水或拧紧堵塞漏气处
	（2）仪表或仪表漏气	目测检查仪表数值是否正常	更换仪表
8.水泵不吸水，真空表表示高度真空	（1）底阀没有打开，或已淤塞	目测检查底阀是否打开或淤塞	校正或更改底阀
	（2）吸水管阻力太大，吸水管高度太大	检查吸水管是否堵塞或吸水高度太大	清洗或更改吸水管，降低吸水高度
9.看压力表水泵出水有压力，然而水泵仍不出水	（1）出水管阻力太大	检查出水管是否堵塞	清理出水管
	（2）旋转方向不对	观察水泵叶轮，逆时针旋转为正转	关掉控制柜的总电源，调换任何二相电源线
	（3）叶轮淤塞	目测检查叶轮是否堵塞	清理水泵叶轮
10.流量低于预计	水泵淤塞	目测检查叶轮是否堵塞、吸水管是否堵塞	清洗水泵及管子
	密封环磨损过多	目测检查水泵密封环磨损是否严重	更换密封环
11.水泵内部声音反常，水泵不上水	流量太大，吸水管内阻力过大，吸水高度过大，在吸水处有空气渗入，所输送的液体温度过高	同排除方法	增加出水管内的阻力以降低流量，检查泵吸入管内阻力，关小底阀降低吸水高度，降低液体的温度
12.轴承过热	（1）没有油	打开水泵油封螺丝检查水泵油封	注油
	（2）泵轴与电机轴不在一条中心线上	拆开水泵叶轮并目测检查轴是否弯曲	把轴中线对准
13.水泵振动	泵轴与电机轴不在一条中心线上	拆开水泵叶轮并目测检查轴是否弯曲	把水泵和电机的轴中心线对准

故障现象	原因分析	检测方法	处理方法
14.电流过大或偏小	管道、叶轮被堵	目测检查水泵管道和叶轮是否堵塞	清理管道或叶轮的堵塞物
15.水泵运行不正常、噪声振动异常	（1）叶轮或转子不平衡	拆开水泵目测检查叶轮与转子是否平衡	校平衡
	（2）轴承磨损	拆开水泵检查水泵轴承是否磨损严重	更换
	（3）转轴弯曲	拆开水泵目测检查水泵轴是否弯曲	更换
	（4）泵轴与电机轴不同心	拆开水泵目测检查水泵轴与电机轴是否同心	把泵和电机轴中心对准
	（5）泵发生汽蚀	听声音是否异常	降低吸水高度,减少水头损失
16.绝缘电阻偏低	（1）电缆线电源接线端渗漏	用万用表检查水泵线路	拧紧电缆接线喇叭
	（2）电缆线破损	目测检查水泵线路	更换
	（3）机械密封损坏	拆开水泵检查水泵机械密封是否损坏	更换
	（4）O形密封圈失效	目测检查水泵密封圈是否损坏	更换
17.轴承发热	（1）油室中无润滑油或润滑油不够、乳化	用螺丝刀打开水泵油室密封螺丝检查润滑油是否不够或乳化	注油
	（2）轴承磨损严重	拆开水泵目测检查水泵轴承磨损是否严重	更换轴承
	（3）泵轴与电机轴不同心	拆开水泵目测检查水泵轴与电机轴是否同心	把泵和电机轴中心对准

5.2.2 管道电伴热系统

1)操作说明及预防维护

①系统操作说明

a.键盘解锁:按住解锁键直到数码见图5-31显示"----"。

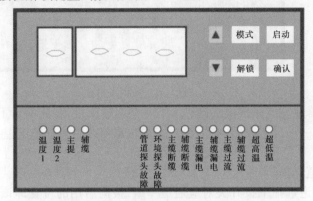

图5-31 显示界面1

再按▲或▼四数码管显示"-00-"见图5-32。

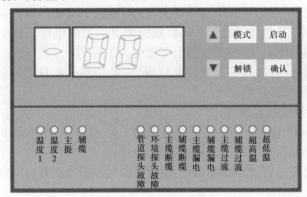

图5-32 显示界面2

b.输入键盘密码。

当数码管显示"-00-"时,按▲▼键即可输入解锁密码,密码由中间两位数码显示,当输入的数字(0—99)是设定的密码时(默认密码00),按解锁键确认,解锁密码错误时,系统将返回解码第一步,提示再次输入密码并确认,若解锁密码正确则显示1=XX,见图5-33。

注:XX为两位数值。

c.时钟及运行参数查询与调整。

图中左边第一位数码显示调整项目,分别为1—9九个数字和A、B两个字符,它们分别按顺序代表年、月、日、时、分、超高温报警设定值、保温关设定值、保温开设定值、超低温报警设定值、键盘解锁密码、485通信本机地址,右边两数码显示调整参数。

例:显示1~09的1表示调整项目为年,09表示2009年,按▲▼键即可修改,如修改为1~10表示2010年。

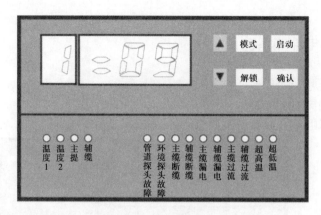

图 5-33　显示界面 3

　　一个项目修改完成后按模式键进入下一个调整项目,若此项目不需调整,按模式键直接跳过,直到十一项目完成(如有需要),完成数据修改后按解锁键退出修改模式进入巡回检测控制模式。

　　d. 工作通道选择。

　　将1—6通道选择平拨开关对应通道一组,拨向启用的位置即该路投入工作,拨向停用的位置即该路退出工作。

　　e. 手/自动控制。

　　将任意通道手/自动开关拨向手动位置,面板上手动指示灯点亮,控制箱则进入手动控制状态,此时手/自动开关处于手动位置的通道的发热电缆工作于手动状态(处于加热状态),所有加热器不再受控制器控制,完全受人工控制。

　　将所有通道手/自动开关拨向自动位置,控制箱则进入自动控制状态,加热器受控于控制器,根据检测温度自动运行。

　　f. 现场综合声光报警解除。

　　当控制器出现故障时,面板上故障报警灯和蜂鸣器同时发出声光报警,按确认键即可。

　　解除声光报警,只有控制器重新上电或复位时才能再次开启综合报警功能。

　　g. 系统复位。

　　当系统运行出现异常和故障排除后需解除报警时,按控制箱线路板标有复位的微动按键即可恢复到正常运行状态和解除报警。

　　②预防维护

　　在控制器进入正式运行前及运行中,都应进行预防维护来保证设备的正常运行。

　　a. 观察面板显示内容有无异常。

　　b. 检查空开和漏电保护开关是否合上。

　　当空开人为或异常掉闸都会造成控制器不能工作,当漏电保护人为或异常掉闸都会造成控制器对应通道不能工作,在检查时如遇掉闸应及时合上。

　　c. 查询运行参数是否正确。

　　运行参数是控制器运行的标准,如果运行参数改变,将造成控制器运行异常,定期或不定期地对运行参数进行查询修正是必要的。

　　d. 查看工作通道选择开关位置。

　　对应工作通道选择开关位置在启用位置表示该通道投入运行,对应工作通道选择开关位置在停用位置表示该通道退出运行,维护时应查看希望运行通道的选择开关是否在启用位置,若不在启用位置应将开关拨到启用位置使该通道投入运行。

e. 查看手自动开关位置。

手自动开关在控制器正常运行时应置于自动位置,若置于手动位置将造成加热电缆不受控于控制器,电缆处于长期加热的状态,因此若手自动开关未在自动位置应置于自动位置。

f. 检查箱内各种连接导线是否有虚接、脱落等现象。

2)检修

控制系统指控制器的核心执行部分,它包含主控板、系统电源板、显示操作板。上述系统部件出现故障后,将引起控制器工作异常、系统停止工作、显示异常、操作失效等故障。表5-11针对常见故障现象进行详细说明。

表5-11 电伴热系统常见故障排查检修方法

故障现象	故障原因	处理方法
1. 面板无任何显示、控制器不工作	产生此故障的原因是空开上口虚接或开路、电源进线连接端子虚接或开路、零线分线排导线开路或虚接、上一级供电线路故障	用万用表按程序顺序测量(零线分线排与各测试点)电压,同时查看连接导线是否脱落并用改刀紧固端子螺钉,直到空开上口电压正常为止,当电源进线端子外侧无电时,查看导线无松动虚接时属上一级供电故障
2. 控制屏显示主或辅缆断缆故障	产生此故障的原因是主缆无阻值;电流互感器损坏;控制箱内接线端子松动	用万用表测量相应断缆有无电阻值,如果没有电阻值直接更换;检查端子排是否松脱,若松脱重新紧固;查看电流互感器,若有破损或接线损坏,直接更换。故障排除后在人机界面上复位此报警按钮
3. 控制屏显示某一路变送器故障	产生此故障的原因是控制箱内传感器端子虚接或开路;本身传感器损坏或管道探头接线虚接或松脱	查看控制箱内相应回路的接线端子是否虚接或松脱,若虚接或松脱重新连接紧固;查找与故障点相应管道的传感器,若虚接或松脱重新连接紧固,仍不行则直接更换传感器探头。故障排除后在人机界面上复位此报警按钮
4. 控制屏显示超高温报警	此故障发生的原因是触摸屏超高温设置有误;相应探头位置放置不在接驳口;传感器断线	对应另一个探头温度显示,重新设置超高温温度;检查相应高温的回路传感器,同时必须保障每个控制箱内安装四个温度传感器,不与本身连接回路有关。故障排除后在人机界面上复位此报警按钮
5. 控制屏显示超低温报警	此故障发生的原因是触摸屏超高温设置有误;相应探头位置放置不对或者脱离管道较远;传感器断线	对应另一个探头温度显示,重新设置超低温温度;传感器断线(无温度值),直接更换;传感器位置重新调整安装

故障现象	故障原因	处理方法
6. 面板显示某一路漏电	发热电缆漏电、漏电信号转接板故障、漏保损坏	首先查看漏保是否掉闸,若没掉闸,用万用表测量漏保下口电压,若电压正常检查漏电信号转接板,没电压或电压很低,紧固螺钉更换漏保,漏保掉闸且合不上,应断开电缆再合漏保,能合上电缆漏电,反之漏保损坏应更换

3)主要故障部件的更换、调整和测试

①主板更换

主板对外连接导线较多,在拆卸时要记住导线拆下的位置便于恢复,防止暴力拆卸引起导线断裂引发二次故障,在换上新的主板过程中要对各个接口认真查看和恢复,不得遗漏,电路板在运输时和现场都要有保护措施,不能与工具叠放造成损伤,主板在更换过程中接口按原样恢复,更换后不需调整即可正常工作,对照使用说明书进行功能测试即可。

②电源板更换

电源板更换相对较为简单,换上新板接上 AC220 V 电源线,通电测量电源输出三组电电压,电压正常插好主板与电源板连接导线即可。

③漏电信号转接板更换

在更换时一定要注意各组导线的位置和顺序与各路漏保的关系,千万不能接错接反,否则将造成关系混乱无法正常工作,不要忘记插上与主板的信号连接电缆。

④电流互感器板更换

在更换时要注意顺序,不能接反,否则将造成关系混乱无法正常工作,不要忘记插上与主板的信号连接电缆。

⑤显示板更换

显示板更换较为简单,换好插上连接电缆即可。

⑥空开更换

要用同型号空开,各导线要牢固连接无松动。

⑦漏保更换

要使用同型号漏保,各导线要牢固连接无松动,安装完成后用实验按钮对漏保进行有效性试验,不动作的漏保不得使用。

5.2.3 潜污泵的装配

1)质量控制点

①潜水泵的整机气压试验。(潜水泵的密封很重要)

②电机相间和相对地间的绝缘电阻检查,其值不应低于 2 MΩ。

③叶轮是否已经平衡。

2)注意事项

电缆出线标志应符合相关规定。

电机定、转子是否有严重的轴向错位,按电机大小,正常为 1~5 mm,否则会严重影响电机的性能。

严禁撞击、压延电缆,严禁将电缆线当起吊绳使用。泵试运行时不得随意拉电缆,以免损坏电缆发生触电事故或降低电缆密封性、降低电机接线腔绝缘性能。

注:试运转时,大于 15 m 扬程水泵应装流量调节阀,避免流量过大导致电机过载烧毁电机,或者进行空载试验。

3)装配后的检查

①仔细检查泵有无变形或损坏,紧固件是否松动或脱落。

②检查电缆线有无破损、折断,电缆线的入口密封是否完好,发现有可能漏电及密封不良之处应及时妥善处理。

③检查电缆的出线标志是否齐全。

④检查油室上的螺塞和密封垫片是否齐全,检查螺塞是否已将密封垫片压紧。

⑤检查叶轮转动是否灵活。

⑥叶轮与泵体所装的密封环在直径方向的最大间隙是否合理。

5.2.4 给排水主要设备及工艺

1)电缆接头的操作工艺

①工艺流程。

a. 检查工具是否齐全,电缆线是否有破损。

b. 剥除电缆线橡胶护套。

c. 剥除电缆线内护层,导体连接时绝缘剥切长度要求为电缆连接管孔深+5 mm,同时清除电缆线表面杂质。

d. 套上连接管,要求两端电缆相互接触,不允许有空隙。接线前,对照接线规范或接线图,保证出线的标号和线色统一。

e. 压接连接管。

f. 用自粘胶带或绝缘胶带包绕。

g. 套好热缩套管。

②加热收缩固定热缩套管时,应注意:

a. 加热收缩温度为 110~120 ℃,以免烧伤热收缩材料。

b. 开始加热材料时,火焰要慢慢接近材料,在材料周围移动,均匀加热,并保持火焰朝着前进(收缩)方向预热材料,由中间向两端加热收缩固定。

c. 火焰应螺旋状前进,保证绝缘管沿周围方向充分均匀收缩。

③电缆接头故障原因分析。

电缆接头如果处理不当,会产生严重的后果。接触电阻过大、温升加快、发热大于散热促使接头的氧化膜加厚,又使接触电阻更大,温升更快。如此恶性循环,使接头的绝缘层破坏,形成相间短路,引起爆炸烧毁。有时会造成电机三相不平衡,直至电机的损坏。造成接触电阻增大的原因有以下几点:

a. 工艺不佳。主要是指电缆接头施工人员在导体连接前后的施工工艺。

连接管接触面处理不佳。无论是接线端子或连接管,由于生产或保管的条件影响,管体内壁常有杂质、毛刺和氧化层存在,这是不为人们重视的缺陷,但对导体连接质量的影响颇为严重。造成连接(压接、焊接和机械连接)发热的主要原因,除机具、材料性能因素外,关键是工艺技术和责任心。运行证明,当压接金具与导线的接触表面越清洁,在接头温度升高时,所产生的氧化膜就越薄,接触电阻就越小。

b.导体损伤。电缆绝缘层强度较大,剥切困难,环切时施工人员用电工刀左划右切,往往掌握不好力度而使导线损伤。剥切完毕虽然损伤不严重,但在线芯弯曲和压接蠕动时,会造成受伤处导体损伤加剧或断裂,压接完毕不易发现,因截面减小而引起发热严重。

c.导体连接时线芯不到位。导体连接时绝缘剥切长度要求压接金具孔深加 5 mm,如果剥切长度不够,或因压接时串位使导线端部形成空隙,仅靠金具壁厚导通,致使接触电阻增大,发热量增加。

d.压力不够。不论是哪种形式的压力连接,接头电阻主要是接触电阻,而接触电阻的大小与接触力的大小和实际接触面积的多少有关,与使用压接工具的出力吨位有关。造成导体连接压力不够的主要原因有以下 3 点:

● 压接机具压力不足。特别是近年生产的机械压钳,压坑不仅窄小,而且压接到位后上下压模不能吻合,压接质量难保证。

● 连接接头空隙大。现在电缆圆型线芯与常用的连接接头内径有较大的空隙,压接后达不到足够的压缩力,导致接触电阻增大。

● 假冒伪劣产品质量差。

综上所述,增加连接接头接点的压力、清洁连接金属材料的表面、选用优质标准的附件、严格施工工艺是降低接触电阻的几个关键因素。

e.提高电缆接头质量的措施:

● 选用能安全可靠运行的连接接头。采用材质优良,规格、截面符合要求,能安全可靠运行的连接接头。

● 选用压接效果满足技术要求的压接机具。选用压接吨位大、模具吻合度高,压坑面积足,压接效果满足技术要求的压接机具。

● 选用能胜任电缆施工安装和运行维护的电缆技术工人。培训技术好、工艺熟练、工作认真负责、能胜任的电缆技术工人。提高装配人员对电缆的认识,增强其对电缆附件特性的了解,研究技术,改进工艺,完善施工规范,加强质量控制,以保证电缆的安全运行。

2)常用水泵的接线图(WQ 泵)

①075-3 kW 水泵接线(图 5-34)

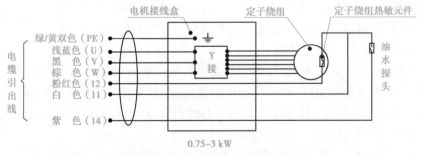

图 5-34　075-3 kW 水泵接线图

②4~7.5 kW 水泵接线（图5-35）

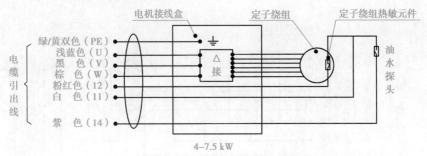

图5-35　4~7.5 kW 水泵接线图

③11~22 kW（包括30 kW-4P）（图5-36）

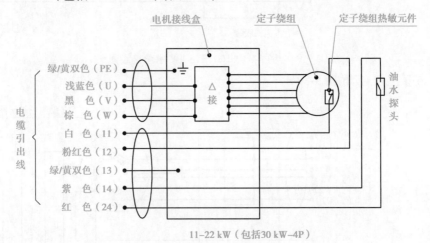

图5-36　11~22 kW（包括30 kW-4P）接线图

④30~132 kW 水泵接线（图5-37）

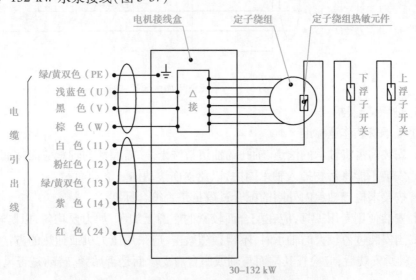

图5-37　30~132 kW 水泵接线图

⑤160-315 kW 水泵接线（图 5-38）

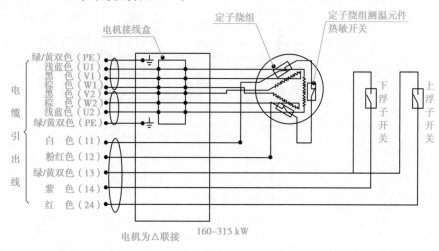

图 5-38 160-315 kW 水泵接线图

⑥星三角启动（图 5-39）

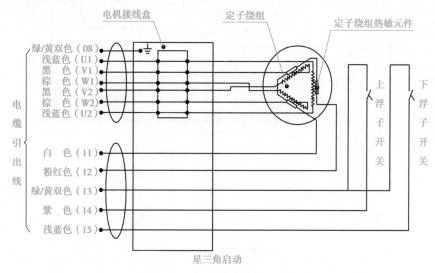

图 5-39 星三角启动水泵接线图

3）轴承装配、拆卸

①轴承安装作业标准

a. 安装前需将轴承的滚道、轴孔的油道清洗干净，需润滑的轴承应涂抹润滑脂。

b. 安装不能将污物掉入轴承圈内，以免损伤滚动体及滚动面。

c. 按要求检查轴承内外圈的配合过盈量是否符合标准。

d. 安装使用专用工具，应在配合面较紧的座圈上加压，加力要均匀，以防轴承歪斜。

e. 当安装过盈较大的轴承时，不得猛烈敲击，应采用压力机或加热的方法进行装配。

f. 轴承安装后，应检查其端面与轴或座台肩支承面是否贴紧，转动是否灵活，有无卡滞现象。

安装前，先打开轴承包装。一般轴承已用润滑脂润滑，不清洗，直接填充润滑脂。

②运转检查

轴承安装结束后,为了检查安装是否正确,要进行运转检查,小型机械可以用手旋转确认是否旋转顺利。检查项目有因异物、伤疤、压痕而造成的运转不畅;因安装不良,安装座加工不良而产生的旋转扭矩不均;因游隙过小、安装误差密封摩擦而引起的扭矩大等。如无异常则可以开始动力运转。因大型机械不能手动旋转,所以无负荷启动后立即关掉动力,进行惯性运转,检查有无振动、声响、旋转部件是否有接触等,确认无异常后进入动力运转。动力运转,从无负荷低速开始,慢慢地提高至所定条件额定运转。试运转中检查事项为:是否有异常声响、轴承温度的转移、润滑剂的泄漏及变色,等等。在试运转过程中,如果发现异常,应立即中止运转,检查机械,有必要时要卸下轴承检查。

轴承温度检查一般从外壳外表推测可知,但利用油孔直接测量轴承外圈温度更加准确。轴承温度运转开始渐渐上升,如无异常,通常 1～2 h 后稳定。如果因轴承或安装等不良,轴承温度会急剧上升,出现异常高温。其原因诸如润滑剂过多、轴承游隙过小、安装不良、密封装置摩擦过大等。

③轴承的拆卸

拆卸轴承时,一般要使用专用的拉力工具将轴承拉出,或者用压机压出,严禁动用手锤直接敲打轴承。对于确认已报废的轴承除外,前提是拆卸轴承中,要注意保护好泵轴。

④机械密封拆卸、装配

机械密封是转动机械本体密封最有效的方式之一,其本身加工的精度比较高,尤其是动、静环,如果拆装方法不合适或使用不当,装配后的机械密封不但达不到密封的目的,而且会损坏集结的密封元件。

a. 拆卸时注意事项

在拆卸机械密封时,严禁动用手锤和扁铲,以免损害密封元件。

对工作过的机械密封,如果压盖松动时密封面发生移动的情况,则应更换动、静环零件,不应重新上紧继续使用。因为在松动后,摩擦副原来的运转轨迹会发生改变,接触面的密封性就很容易遭到破坏。

如密封元件被污垢或凝聚物粘结,应清除凝聚物后再进行机械密封的拆卸。

b. 安装时注意事项

安装前要认真检查集结密封零件数量是否足够,各元件是否有损坏,特别是动、静环有无碰伤、裂纹和变形等缺陷。如果有问题,需进行修复或更换新备件。

检查轴套或压盖的倒角是否恰当,如不符合要求则必须进行修整。

机械密封各元件及其有关的装配接触面,在安装前必须用丙酮或无水酒精清洗干净。安装过程中应保持清洁,特别是动、静环及辅助密封元件应无杂质、灰尘。动、静环表面涂上一层清洁的机油或透平油。

弹簧压缩量要按规定进行,不允许有过大或过小的现象,要求误差 ±2.00 mm,过大会增加断面比压,加速断面磨损。过小会造成比压不足而不能起到密封作用,弹簧装上后在弹簧座内要移动灵活。用单弹簧时要注意弹簧的旋向,弹簧的旋向应与轴的转动方向相反。

动环安装后须保持灵活移动,将动环压向弹簧后应能自动弹回来。

先将静环密封圈套在静环背部后,再装入密封端盖内。注意保护静环断面,保证静环断面与端盖中心线的纵横垂直度,且将静环背部的防转槽对准防转销,但勿使其中互相接触。

安装过程中决不允许用工具直接敲打,必须使用专用工具进行敲打,以防密封元件损坏。

⑤潜水泵使用注意事项

a.严禁将电缆作为吊具或扯拉电缆。

b.下水前应确定水泵转向,严禁反转。

c.严禁将电缆线头入水、吸潮。

d.安装时应注意小心轻放、垂直、对中。

e.潜水泵运行时泵不得低于最低液位,参见安装尺寸图中的"▼最低液位"(含自动冷却系统)。如无自动冷却系统,运行时最低液位不得低于泵全高的$\frac{2}{3}$。

f.接地要可靠,潜水泵运行时禁止人进入泵池。

5.2.5 给排水系统故障检查及处理

电伴热系统
温感探头
故障处理

1)管道电伴热

管道电伴热故障处理如表5-12所示。

表5-12 电伴热故障处理

故障现象	故障原因	处理方法
1.面板无任何显示、控制器不工作	产生此故障的原因是空开上口虚接或开路、电源进线连接端子虚接或开路、零线分线排导线开路或虚接、上一级供电线路故障	用万用表按程序顺序测量(零线分线排与各测试点)电压,同时查看连接导线是否脱落并用改刀紧固端子螺钉,直到空开上口电压正常为止,当电源进线端子外侧无电时,查看导线无松动虚接时属上一级供电故障
2.控制屏显示主或辅缆断缆故障	产生此故障的原因是主缆无阻值;电流互感器损坏;控制箱内接线端子松动	用万用表测量相应断缆有无电阻值,如果没有阻值直接更换;检查端子排是否松脱,若松脱重新紧固;查看电流互感器,若有破损或接线损坏,直接更换。故障排除后在人机界面上复位此报警按钮
3.控屏显示某一路变送器故障	产生此故障的原因是控制箱内传感器端子虚接或开路;本身传感器损坏或管道探头接线虚接或松脱	查看控制箱内相应回路的接线端子是否虚接或松脱,若虚接或松脱,重新连接紧固;查找与故障点相应管道的传感器,若虚接或松脱,重新连接紧固,仍不行则直接更换传感器探头。故障排除后在人机界面上复位此报警按钮

故障现象	故障原因	处理方法
4. 控制屏显示超高温报警	此故障发生的原因是触摸屏超高温设置有误;相应探头位置放置不在接驳口;传感器断线	对应另一个探头温度显示,重新设置超高温温度;检查相应高温的回路传感器,同时必须保障每个控制箱内安装四个温度传感器,不与本身连接回路有关。故障排除后在人机界面上复位此报警按钮
5. 控制屏显示超低温报警	此故障发生的原因是触摸屏超高温设置有误;相应探头位置放置不对或者脱离管道较远;传感器断线	对应另一个探头温度显示,重新设置超低温温度;传感器断线(无温度值),直接更换;传感器位置重新调整安装
6. 面板显示某一路漏电	发热电缆漏电、漏电信号转接板故障、漏保损坏	首先查看漏保是否掉闸,若没掉闸用万用表测量漏保下口电压,若电压正常检查漏电信号转接板,没电压或电压很低紧固螺钉更换漏保,漏保掉闸且合不上,应断开电缆再合漏保,能合上电缆漏电,反之漏保损坏应更换

2)消防泵组

消防泵组故障处理如表 5-13 所示。

表 5-13　消防泵组故障处理

故障现象	故障原因	处理方法
1. 水泵频繁启动	(1)管网漏水	更换漏水点阀门、管件或橡胶垫,紧固密封面,查看管网压力是否正常
	(2)止回阀损坏	切断水源,关闭检修阀门,更换止回阀,然后恢复供水,并检查压力是否正常
	(3)止回阀密封面有垃圾	拆除止回阀,清除垃圾之后重新安装坚固阀门
	(4)气压罐气室漏气	更换气囊与气罐密封面密封垫,并紧固螺栓
	(5)气压罐胶囊损坏	拆除损坏胶囊,并更换胶囊,对气囊进行充压
2. 安全阀不能闭合	安全阀开启后未能回位	轻轻敲击阀体,如仍不能回位,及时更换安全阀
3. 水泵流量不足或不出水	(1)泵反转	关掉总电源,调换任意两项电源线
	(2)阀门未打开或打开角度不够	打开阀门
	(3)管道、叶轮堵塞	清理管道或叶轮的堵塞物
	(4)叶轮磨损	更换磨损零件
	(5)水泵转速太低	电压过低

续表

故障现象	故障原因	处理方法
4. 水泵机组振动和噪声	(1)地脚螺丝松动或没填实	拧紧并填实地脚螺栓
	(2)轴承损坏或磨损	更换轴承
	(3)安装不良,联轴器不同心或泵轴弯曲	找正联轴器不同心度,矫直或换轴
	(4)泵内有严重摩擦	更换变形部件
5. 水泵开启不动或启动后轴功率过大	(1)泵轴弯曲,轴承磨损	矫直泵轴,更换轴承
	(2)平衡孔堵塞或回水管堵塞	清除杂物,疏通回水管路
	(3)靠背轮间隙太小,运行中两轴相顶	调整靠背轮间隙
	(4)流量太大,超过使用范围太多	关小出水闸阀
6. 轴承发热	(1)轴承损坏	更换轴承
	(2)轴弯曲或联轴器没找正	矫直或更换泵轴的正连轴器
	(3)叶轮平衡孔堵塞,使泵向力不能平衡	清除平衡孔上堵塞的杂物
7. 电机过载	水泵流量过大,扬程低	关小阀门
8. 水泵漏水	(1)机械密封磨损	更换机械密封
	(2)泵体有沙孔或裂纹	更换泵壳体
	(3)密封面不平整	修整
	(4)安装螺栓松懈	紧固松懈螺栓

任务 5.3　低压配电系统

5.3.1　EPS 应急照明装置系统

1)逆变器操作

①参数的设定。

逆变器参数设定如图 5-40 所示。

检查参数设置状态是否与功能参数汇总相符。

a. 频率参数组:直接设定频率、点动频率、加速时间 1、减速时间 1、点动加速时间、点动减速时间。

b. 运行条件参数:起动频率、载波频率、欠压跳闸模式、恒电压控制。

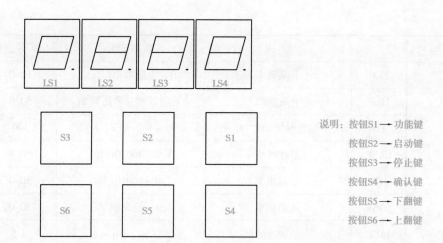

图 5-40　逆变器参数设定

c.运行控制方式参数:面板选择、惯性滑行选择、点动运行选择、写入禁止功能。

d.参数设定,要修改参数应先将 Loc. 解锁:

从输出模式开始,按下功能键,显示参数组 FUN1;

使用按下翻页键或上翻页键逐步进入 FUN3;

按下按菜单键,显示 Drsl. ;

使用按下翻页键或上翻页键逐步进入 Loc. ;

按下菜单键,显示 0002. ;

使用按下翻页键或上翻页键逐步进入 0001. ;

再按下菜单键。此时可进行其他参数设置,操作方法同上,完整参数组设置后必须将 Loc. 设定在 0002(写入禁止)状态。按下功能键能返回输出模式。

②过流保护点调整:传感器型号 HNC＊＊＊F/C 为电流型、HNC＊＊＊F/V 为电压型。调节逆变主板 W1 电位器,使该点电压值与过流保护值相符。

③逆变输出电压调整:在应急状态下,调节 W2 电位器,使逆变输出电压 AC220V±5%。

④显示状态说明:正常输出状态为"0",逆变输出状态为"50"。

2)参数清单

①FUN1 频率参数如表5-14 所示。

表 5-14　FUN1 频率参数一览表

组	显　示	功　能	调整范围	出厂设定值	备注
FUN1 频率 参数	rnn. F	直接设定频率	0—最高频率	50.0	
	V-F	转矩补偿电压	恒转矩 H-1～16 递减转矩 P-1～16	H-3	
	Auto	自动转矩补偿	0.0,0.1	0.0	
	ACC1	加速时间 1	直线:d.0.1～d.600(s)	d.8	
	dEC1	减速时间 1	S 字:S.0.1～S.600(s)	d.0	

续表

组	显 示	功 能	调整范围	出厂设定值	备注
FUN1 频率 参数	bLF	下限频率	0~上限频率(Hz)	10.0	
	HLF	上限频率	下限频率~最高频率	50.0	
	Etr	电子热继电器动作(电平)	50~100/OFF(%)	100	
	bASF	基底频率	1.0~400.0(Hz)	50.0	
	HIF	最高频率	1.0~400.0(Hz)	50.0	
	JOGF	点动频率	0~最高频率	50.0	
	JACC	点动加速时间	直线:d.0.1~d.600(s) S字:S.0.1~S.600(s)	d.8	
	JdEC	点动减速时间		d.0	
	ACC2	加速时间2	直线:d.0.1~d.600(s) S字:S.0.1~S.6009(s)	d.20.0	
	dEC2	点动减速时间		d.20.0	
	db-t	直流制动时间	OFF/0.2~10(s)	OFF	
	Db-F	直流制动频率	0~10(Hz)	3.0	
	db-V	直流制动转矩	0~15(%)	10	

②FUN2 运行条件参数如表 5-15 所示。

表 5-15　FUN2 运行条件参数一览表

组	显 示	功 能	调整范围	出厂设定值	备注
FUN2 运行 条件 参数	Fq.1	多段速度设定1	0~最高频率	0.0	
	Fq.2	多段速度设定2	0~最高频率	0.0	
	Fq.3	多段速度设定3	0~最高频率	0.0	
	Fq.4	多段速度设定4	0~最高频率	0.0	
	Fq.5	多段速度设定5	0~最高频率	0.0	
	Fq.6	多段速度设定6	0~最高频率	0.0	
	Fq.7	多段速度设定7	0~最高频率	0.0	
	STF	启动频率	0.1~80.0(Hz)	5.0	
	OPEN	开路集电极选择	run/Arr/O.L.Ar	O.L.Ar	
	runs	运行信号频率	0.1~400.0(Hz)	1.0	
	SArr	速度到达检出模式	0~400.0(Hz)	10.0	
	bLmd	下限频率模式	STOP/run	STOP	

组	显 示	功 能	调整范围	出厂设定值	备注
FUN2 运行 条件 参数	bLHF	磁滞频率	0~最高频率	1.0	
	bIAS	偏置	10.0~10.0	0.0	
	Gain	增益	0.01~5.00	1.00	
	CF	载波频率	3、4、6、8、10、12.5、15 kHz	6	
	Outv	表头输出增益	0.50~1.20	1.00	
	Unit	自由单位	0.1~100.0	1.0	
	Put	再同步等待时间	OFF/0.1~20.0(s)	OFF	
	Istl	电机失速电平	50~200/OFF(%)	150	
	p.o.ind	欠压跳闸模式	OFF/dEc	dEc	
	Slip	转差补偿	OFF/1~10(%)	OFF	
	Con.V	恒电压控制	OFF/380/400/415/440/460 V	380	
	F.Jnl	跳跃频率1	1.0~最高频率	1.0	
	F.bnl	跳跃宽度1	0.0~5.0	0.0	
	F.Jn2	跳跃频率2	1.0~最高频率	1.0	
	F.bn2	跳跃宽度2	0.0~5.0	0.0	

③FUN3运行控制方式参数如表5-16所示。

表5-16　FUN3运行控制方式参数一览表

组	显 示	功能	调整范围	出厂设定值	备注
FUN3 运行 控制 方式 参数	Drsl	面板选择	OFF/PI1/PI2/PI3/PI4/on	ON	
	FrEE	惯性滑行选择	OFF/PI1/PI2/PI3/PI4/on	ON	
	JOG	点动运行选择	OFF/PI1/PI2/PI3/PI4/on	ON	
	F.AdJ	面板电位器选择	OFF/PI1/PI2/PI3/PI4/on	OFF	
	I-in	电流输入选择	OFF/PI1/PI2/PI3/PI4/on	OFF	
	V-in	电压输入选择	OFF/PI1/PI2/PI3/PI4/on	OFF	
	Db-y	直流制动/自保持	OFF/PI1/PI2/PI3/PI4/on	OFF	
	S-0	多段速切换1	OFF/PI1/PI2/PI3/PI4/on	OFF	
	S-1	多段速切换2	OFF/PI1/PI2/PI3/PI4/on	OFF	
	S-2	多段速切换3	OFF/PI1/PI2/PI3/PI4/on	OFF	

续表

组	显 示	功 能	调整范围	出厂设定值	备注
FUN3 运行控制方式参数	CSEL	加减速时间选择	OFF/PI1/PI2/PI3/PI4/on	OFF	
	iSOF	正特性/逆特性选择	Dir. P/inv. P	Dir.	
	Rty	试恢复功能	OFF/on-2/on-4/on-6/on	OFF	
	SFSr	SF. SR 端子功能	F. r. /r. s. rF/Hold	F. r	
	Pons	电源投入启动	OFF/ON	OFF	
	Fout	频率计功能选择	OutF/OutA	OutF	
	Esin	异常停止输入切换	OFF/ON	OFF	
	Estp	异常停止方式切换	0.1	O	
	Eout	异常停止报警切换	OFF/ON	OFF	
	Ertr	异常停止再恢复切换	OFF/ON	OFF	
	d. com	显示模式选择	0～50	O	
	Loc	写入禁止功能	0:可写入/1:run. F 以外禁止/2:写入禁止	2	
	inin	参数的初始化	Non/50/60/OFF	Non	

3)充电器

充电器按键功能如下:

a. 按键"F1":设置界面下按"F1"切换不同的参数设置界面,共有 4 个参数设置界面。

界面 1:显示电压设置界面,用于设置显示电压和实际电压相等。

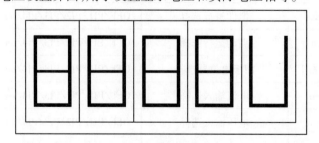

图 5-41　充电器显示界面 1

界面 2:显示电流设置界面,用于设置显示电流和实际电流相等。

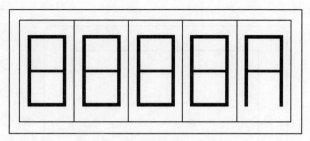

图 5-42　充电器显示界面 2

界面 3：充电机机号设置，用于设置通信时的本机机号。

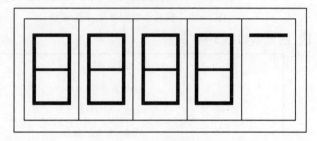

图 5-43　充电器显示界面 3

界面 4：主从机设置，用于设置本机的工作过程设置，"1"为主机，"0"为从机，

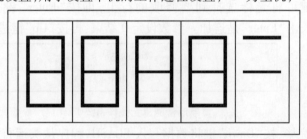

图 5-44　充电器显示界面 4

主机工作过程：当电池电压在充电机允许充电范围，充电机先均充再浮充，电池充满后充电机一直保持浮充状态，充电机不脱离蓄电池。

从机工作过程：当电池电压低于电池的额定电压时，充电机开始均充，电池充满后充电机脱离蓄电池，转入热备工作状态。

b.按键"F2"：在不同的设置界面可以按"F2"改变光标闪烁的位置；

c.按键"F3"：相应的光标闪烁的位置数据加 1；

d.按键"F4"：相应的光标闪烁的位置数据减 1；

长时间按下"F2"设置的数据写入 FLASH，单片机复位后返回正常界面。

4）蓄电池在线监控模块

蓄电池在线监控模块参数设定如下：

电池检测单元操作说明系统加电后，LCD 显示首界面如图 5-45 所示。

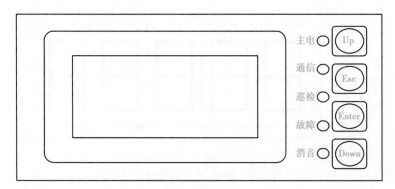

图 5-45　蓄电池检测单元操作面板

长按"Up"键,则显示如图 5-46 所示。

```
参数设定0从机地址: 13

波特率: 9 600

电池欠压值: 10.5

电池过压值: 16.5
```

图 5-46　蓄电池检测单元操作系统 LED 显示界面 1

按"Esc"键可将光标选择到要修改的行上,再按"Enter"键进行参数修改。短击"Enter"是加,长击"Enter"是连加。参数设定 0 结束,再按"Up"键进入如图 5-47 所示。

```
参数设定1电池节数: 41

电压系数: 1.00
```

图 5-47　蓄电池检测单元操作系统 LED 显示界面 2

参数设置完毕,按"Down"键将数据写入 FLASH,程序从头运行。液晶将显示首界面。反之,若认为没有必要进行数据修改,按"Up+Esc",退出设置界面,此时,液晶将显示首界面。在首界面下短击"Up"键,液晶显示电池电压首页界面,如图 5-48 所示。

```
电池电压（V）
1#  11.99
2#  0.000
3#  0.000
4#  0.000
```

图 5-48　蓄电池检测单元操作系统 LED 显示界面 3

每个界面显示 4 节电池电压,不足 4 节的按余项实际显示,按"Esc"键进行翻页,翻到电池电压显示完的最后一页,则显示电压统计界面,如图 5-49 所示。

```
电池电压1.最高值: NO   1# 12.01 V

2.最低值: NO4  1# 0.00 V
```

图 5-49　蓄电池检测单元操作系统 LED 显示界面 4

此时按"Esc"键则显示首界面,查询过程中如想退出,可按下复合键"Up+Esc"。

5.3.2　动力配电箱、照明配电箱

ASCO 双电源切换装置

①拨码及旋钮,如图 5-50 所示。

内装9 V碱性电池

电池跳线

插座

电位器P1

电位器P2

S3

S1

S2

图 5-50　ASCO 双电源切换装置拨码及旋钮示意图

②时间设置,如表 5-17 所示。

表 5-17　时间延时设定

描　　述	标　记	原厂设定	调整范围	S3DIP 开关		调整旋钮
常用电源瞬间断电延时	TD ES	3 s	1 s	脚 1 ON	| —1 |	——
			3 s	脚 1 OFF	| — 1 |	
转换至备用电源延时	TIMER N/E	0	0 ~ 5 min	——	——	P2
备用电源瞬间断电延时	——	4 s	不可调整	——	——	——
转换至常用电源延时	TIMER E/N	30 min	1 s ~ 30 min	——	——	P1

③电压及频率设置,如表 5-18 所示。

表 5-18　电压及频率设置

描述	标记	设定	额定值百分比		S1 DIP 开关	
			原厂设定	调整范围		
常用电源电压	PU/N	Pickup	90%	95%	脚 3 OFF	|— 3 |
				90%	脚 3 ON	| —3 |
	DO/N	Dropout	85%	90%	脚 1 OFF 脚 2 OFF	|— 1 | |— 2 |
				85%	脚 1 ON 脚 2 OFF	|—1 | |— 2 |
				80%	脚 1 OFF 脚 2 ON	|— 1 | |—2 |
				75%	脚 1 ON 脚 2 ON	|—1 | |—2 |
备用电源电压	——	Pickup	90%	不可调整	——	
	——	Dropout	75%	不可调整		
备用电源频率	——	Pickup	95%	不可调整	——	
	——	Dropout	85%	不可调整		
	60/50 Hz	60/50 Hz	60 Hz	60 Hz	脚 4 OFF	|— 4 |
				50 Hz	脚 4 ON	|—4 |
相数	3Φ,1Φ	3Φ/1Φ	3Φ	3 相	脚 6 OFF	|— 6 |
				1 相	脚 6 ON	|—6 |

④变压器电压调整,如表 5-19 所示。

表 5-19　变压器电压调整

(设置 LOW 使所有电压设置降低 4.2%,如 240 V 变成 230 V,480 V 变成 460 V)

描述	标记	原厂设定	调整范围	S3 DIP 开关	
电压调整(4.2%)	LOW/HI	HI	LOW	脚 2 OFF	|— 2 |

⑤引擎测试

用 9 V 碱性电池来维持这个设定,此时电池跳线的设定必须为 ON 的位置,如表 5-20 所示。

表 5-20　DIP 开关设置

功能	S1 DIP 开关		S2 DIP 开关	
内置定时器开	脚 7 ON	| —7 |	脚 5 ON	| —5 |
内置定时器关	脚 7 OFF	|— 7 |	脚 5 ON	| —5 |
空载测试	脚 8 OFF	|— 8 |		
带载测试	脚 8 ON	| —8 |		

注:带阴影的 DIP 开关为标准的原厂设定。

5.3.3 低压配电系统故障检查及处理

双电源切换装置更换步骤

1)环控电控柜,如表5-21所示。

表5-21 环控电控柜故障处理

故障现象	故障原因	处理方法
双电源配电箱不能切换	(1)一体化电源切换装置内部电子元件损坏,导致无法实现切换功能	①关闭双电源箱两路进线上级开关,挂警示牌及上锁防误合闸 ②拆卸连接螺丝,卸下故障装置 ③安装同型号替换件 ④接线 ⑤送电调试
	(2)主回路接触器烧坏无法吸合,因而不能切换供电	①断开进线断路器 ②测量接触器线圈是否短路,检查控制回路 ③拆除接线,更换主回路损坏接触器 ④恢复接线,测量绝缘电阻及线圈电阻 ⑤合闸调试

2)EPS事故照明装置,如表5-22所示。

表5-22 EPS故障处理

故障现象	故障原因	处理方法
1. 有市电时EPS输出正常,而无市电时蜂鸣器长鸣,无输出	蓄电池和逆变器部分故障	①检查蓄电池电压,看蓄电池是否充电不足,若蓄电池充电不足,则要检查是蓄电池本身故障还是充电电路故障 ②若蓄电池工作电压正常,检查逆变器驱动电路工作是否正常,若驱动电路输出正常,说明逆变器坏 ③若逆变器驱动电路工作不正常,则检查波形产生电路有无PWM控制信号输出,若有控制信号输出,说明故障在逆变器驱动电路 ④若波形产生电路无PWM控制信号输出,则检查其输出是否因保护电路工作而封锁,若有则查明保护原因 ⑤若保护电路没有工作且工作电压正常,而波形产生电路无PWM波形输出则说明波形产生电路损坏

续表

故障现象	故障原因	处理方法
2. 蓄电池电压偏低,但开机充电十多小时,蓄电池电压仍充不上去	蓄电池或充电电路故障	①检查充电电路输入/输出电压是否正常,若输入不正常,则检查变压器及整流器是否正常 ②若输入正常,输出不正常,断开蓄电池再测,若仍不正常则为充电电路故障 ③若断开蓄电池后充电电路输入/输出均正常,则说明蓄电池已因长期未充电造成过放电或已到寿命期等原因而损坏
3. EPS 只能由市电供电而不能转为逆变供电	市电向逆变供电的转换部分故障	①蓄电池电压是否过低 ②若蓄电池部分正常,检查蓄电池电压检测电路是否正常 ③若蓄电池电压检测电路正常,再检查市电向逆变供电转换控制是否正常

3)照明配电箱,如表5-23所示。

表 5-23　照明配电箱故障处理

故障现象	故障原因	处理方法
1. 三相电压不平衡	(1)三相负荷不平衡 (2)相线接地 (3)三相电源不平衡 (4)电力变压器二次侧的零线接地	①应调整三相负荷 ②应找出接地处并排除故障 ③应检修或更换变压器 ④应找出断线处并重新接好
2. 柜内电器爆炸	(1)电器分断能力不够,当外线路或母线发生短路时,将开关等电器炸毁 (2)在没有灭弧罩的情况下操作开关设备,造成弧光短路 (3)误操作 (4)电器元件被雨淋或使用环境有导电介质存在 (5)二次回路导线损伤并触及柜架或检修后将导线头、工具等遗忘在柜内 (6)老鼠、蛇等小动物进入柜内造成短路	①应选择遮断容量能适应供电系统的电气设备 ②必须装好灭弧罩才能操作开关 ③应严格执行操作规程,防止误操作 ④应采取防雨措施,改善环境条件,加强维护 ⑤检修时不得损伤二次回路,并将所有杂物清除,整修好线路,确认无问题后才能投入使用 ⑥应设置防护网,防止小动物进入
3. 母排连接处过热	(1)母排接头接触不良 (2)母排对接螺栓过松 (3)母排对接螺栓过紧,垫圈被过分压缩,截面减小,电流通过时引起发热,或在电流减小时,母排与螺栓间易形成间隙,使接触电阻增大	①应重新连接,使接头接触可靠或更换母排 ②应拧紧螺栓,使松紧程度合适,若弹簧垫片失效或螺栓螺母滑扣,应予以更换 ③应调整螺栓的松紧程度,紧固螺母压平弹簧垫圈

4）环控电控柜内各模块

①软启动器

a. 故障及复位

当出现过载等故障时，故障信号将被保持，并点亮故障指示灯。通过复
位按钮进行故障信号复位。**注意！**若复位按钮不能复位故障信号，说明故障
信号源一直存在，只有采取正确的措施排除故障后才能对软启动器进行故障复位。采用
下列方法之一来复位故障。

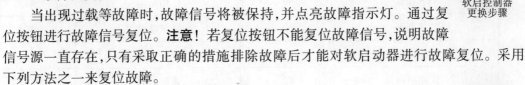
软启控制器
更换步骤

在 HMI 对话图标菜单选择"清除故障"，即在主菜单（Main Menu）/诊断
（Diagnostics）/故障（Fanlts）中找到故障并清除。

重新开启软启动器电源（断电再上电）。

b. 故障代码如表 5-24 所示。

软启动器、变
频器故障复位

表 5-24　软启动器故障代码一览表

故障说明	代　码	故障说明	代　码
A 相断电	1	过电压	20
B 相断电	2	欠电压	21
C 相断电	3	过载	22
SCR A 短路	4	欠载	23
SCR B 短路	5	堵转	24
SCR C 短路	6	失速	25
A 相门极开路	7	反向	26
B 相门极开路	8	通信故障 P2	27
C 相门极开路	9	通信故障 P3	28
PTC 电源电极	10	通信故障 P5	29
SCR 过热	11	网络 P2	30
电机 PTC	12	网络 P3	31
A 相旁路断开	13	网络 P5	32
B 相旁路断开	14	接地故障	33
C 相旁路断开	15	过多启动次数	34
A 相负载断开	16	A 相功率损耗	35
B 相负载断开	17	B 相功率损耗	36
C 相负载断开	18	C 相功率损耗	37
线路不平衡	19	Hall ID	38

续表

故障说明	代码	故障说明	代码
NVS 错误	39	C 相断电	43
负载断开	40	24 V 丢失	45
A 相断电	41	控制电压丢失	46
B 相断电	42	系统故障	128…209

②变频器

变频器故障复位有两种方式,即手动复位和自动复位。一些故障(如自动重启动故障)为自动复位类型,当造成故障的原因不存在时,则故障由变频器自动复位;一些故障需手动复位,步骤如下:

当出现过载等故障时,故障信号将被保持,并点亮故障指示灯。通过复位按钮进行故障信号复位。

a. 按下 **Esc** 键确认故障,故障对话框消失,返回 HMI 界面;

b. 查找故障原因,并采取正确的措施排除故障后才能对变频器进行故障复位。采用下列方法之一来复位故障:

- 按停车键 ;
- 重新开启变频器电源(断电再上电);
- 设置参数 240(故障清除)为 1;
- 在 HMI 对话图标菜单选择"清除故障"**注意!**对于报警,当造成报警的原因消失后,报警将被自动清除。**注意!**变频器柜的二次控制回路中设置了故障保持回路,对变频器故障复位后还需按动柜门上的复位按钮,才能对变频器柜故障进行复位。

c. 故障代码,如表 5-25 所示。

表 5-25　变频器故障代码一览表

编号(1)	故　障	编号(1)	故　障	编号(1)	故　障
2	辅助输入	13	接地故障	29	模拟量输入丢失
3	掉电	15	负载损失	33	自动重新启动尝试
4	低电压	16	电动机热敏电阻	36	SW 过电流
5	过压	17	输入相丢失	38	U 相接地
7	电动机过载	20	转矩校对速度范围	39	V 相接地
8	散热器过热	21	输出相丢失	40	W 相接地
9	晶体管过热	24	减速禁止	41	UV 相接地
12	硬件过流	25	超速限幅值	42	UW 相接地

编号(1)	故　障	编号(1)	故　障	编号(1)	故　障
43	VW 相接地	78	磁通电流标准值范围	101—103	用户参数校验和
48	参数缺省值	79	负载过大	104	功率单元板校验和 1
49	变频器上电	80	自整定退出	105	功率单元板校验和 2
51	故障列清除	81—85	端口 1—5DPI 丢失	106	MCB-PB 不兼容
52	故障清除	87	Ixo 电压越限	107	新装的 MCB-PB
55*	控制板超	88	软件故障	108	模拟量输入计算校验和
63	安全销	89	软件故障	120	I/O 不匹配
64	变频器过载	90	编码器方波错误	121	I/O 指令丢失
69	制动电阻	91	编码器丢失	122	I/O 故障
70	功率单位	92	脉冲丢失	130	硬件故障
71—75	端口 1—5 适配器	93	硬件故障	131	硬件故障
77	IR 电压值越限	100	参数校验和		

③智能马达保护器

a. 故障与复位

当出现过载等故障时,故障信号将被保持,并点亮故障指示灯。通过抽屉上的复位按钮进行故障信号复位。一般不用通过 E3 电动机保护控制器的复位按钮进行复位,除非 E3 出现问题。E3-Plus 面板上有"TEST/RESET"按钮,按动此按钮可实现以下功能:

测试:持续按下"TEST/RESET"按钮 2 s 以上直至"TRIP/WARN"指示灯闪烁,E3-Plus 将处于脱扣状态,用于测试 E3-Plus 的脱扣功能;

复位:发生脱扣后,若脱扣条件已经不存在,按下"TEST/RESET"按钮可以复位 E3-Plus 的脱扣故障,"TRIP/WARN"指示灯熄灭。

除射流风机外,环控柜功能单元面板上的复位按钮已配置成 E3-Plus 的复位功能,其作用与 E3-Plus 本身的复位按钮相同,直接按动此按钮即可对 E3-Plus 进行复位操作。

对于射流风机,已将 E3-Plus 设置成自动复位,直接按动环控柜功能单元面板上的复位按钮,即可进行复位操作。

b. 故障代码,如表 5-26 所示。

表 5-26　智能马达保护器故障代码一览表

故障原因	脱扣代码(红色)	报警代码(黄色)	故障保护	非易失性故障
脱扣测试	1	—	No	No
过载	2	2	Yes	Yes
缺相	3		Yes	Yes

续表

故障原因	脱扣代码(红色)	报警代码(黄色)	故障保护	非易失性故障
接地故障	4	4	Yes	Yes
失速	5	—	Yes	Yes
堵转	6	6	Yes	Yes
欠载	7	7	Yes	Yes
PTC 过热故障	8	8	Yes	Yes
电流不平衡	9	9	Yes	Yes
通信故障	10	10	Yes	No
通信空闲	11	11	Yes	No
非易失存储器故障	12	—	No	No
硬件故障(脱扣) 配置故障(报警)	13	13	No	No

复习思考题

1. BAS 界面显示电池组故障可能的原因是什么？

2. 交流接触器频繁操作时为什么过热？

3. E3 智能低压单元脱扣和报警保护有哪些？

4. 有市电时 EPS 输出正常，而无市电时蜂鸣器长鸣，无输出。简述故障原因及检查步骤。

5. EPS 蓄电池电压偏低，但开机充电十多小时，蓄电池电压仍充不上去。简述故障原因及检查步骤。

6. 简述型号为 T1 N 160 TMD R125 F FC 3P 塑壳断路器的含义。

7. 简述型号为 A16-30-10 接触器的含义。

8. 简述双回路电控柜电源进线自投/自复原理及故障处理方法。

9. 额定容量是 100 kV·A 安的变压器能否带 100 kW 的负载？为什么？

10. 一台三相异步电动机的额定电压是 380 V，当三相电源线电压是 380 V 时，定子绕组应采用哪种联接方法？当三相电源线电压为 660 V 时，应采用哪种联接方法？